生活因阅读而精彩

生活因阅读而精彩

35岁前要有的
33种眼光

展啸风◎编著

中国华侨出版社

图书在版编目(CIP)数据

35 岁前要有的 33 种眼光 / 展啸风编著.—北京：
中国华侨出版社,2011.11

ISBN 978-7-5113-1820-6

Ⅰ.①3… Ⅱ.①展… Ⅲ.①成功心理–青年读物
Ⅳ.①B848.4–49

中国版本图书馆 CIP 数据核字(2011)第 213646 号

35 岁前要有的 33 种眼光

编　　著 / 展啸风
责任编辑 / 严晓慧
责任校对 / 王京燕
经　　销 / 新华书店
开　　本 / 787×1092 毫米　1/16 开　印张/18　字数/265 千字
印　　刷 / 北京建泰印刷有限公司
版　　次 / 2011 年 12 月第 1 版　2011 年 12 月第 1 次印刷
书　　号 / ISBN 978-7-5113-1820-6
定　　价 / 32.00 元

中国华侨出版社　北京市朝阳区静安里 26 号通成达大厦 3 层　邮编:100028
法律顾问:陈鹰律师事务所
编辑部:(010)64443056　　64443979
发行部:(010)64443051　　传真:(010)64439708
网址:www.oveaschin.com
E-mail:oveaschin@sina.com

眼光，是一个人对事物的理解，对生活的认知以及对人生的参悟。它折射出了一个人气场的大小，也体现了这个人的思想高度。

人的一生，极有可能因为一个眼光而发生改变。千万别小看眼光，它决定了你的人生是暗淡无光，还是绚烂多彩。

有两个饥饿的年轻人得到了一位天使的恩赐：一根鱼竿和一篓鲜活硕大的鱼。

一个人要了一篓鱼，另一个人要了一根鱼竿，之后他们分道扬镳了。得到鱼的人原地用干柴搭起篝火煮起了鱼，他狼吞虎咽，还没有品出鲜鱼的肉香便连鱼带汤吃了个精光，不久，他便饿死在空空的鱼篓旁。

而另一个人则提着鱼竿继续忍饥挨饿，一步步艰难地向海边走去，可当他已经看到不远处那片蔚蓝色的海洋时，他最后一点力气也使完了，也只能眼巴巴地带着无尽的遗憾撒手人间。

又有两个饥饿的人，他们同样得到了天使恩赐的一根鱼竿和一篓鱼。只是他们并没有各奔东西，而是商定共同去寻找大海。于是他俩每次只煮一条鱼，经过长途的跋涉，来到了海边，从此，两人开始了以捕鱼为生的日子。几年后，他们不但盖起了房子，还拥有了各自的家庭、子女，也有了自己建造的渔船，过上了幸福安康的生活。

一个人既要具有高远的目标，也要面对现实的生活，懂得与人合作。把眼光和现实有机结合起来，你才能成为一个成功人士。

35 岁，是一个人的中年阶段，也是人生重要的分水岭。在 35 岁之前，你至少已经完成了教育，并且在社会中有了一番闯荡，饱尝了生活的酸甜苦辣。

如果你在经历过这些之后感到有些迷茫，说明你还不具备睿智的眼光。想要在今后的道路上活得更轻松，更清醒，就要开始有意识地培养自己的眼光。眼光敏锐的人，往往能够趋利避害，将命运掌握在自己的手中；没有眼光的人，在人生的道路上总是跌跌撞撞，看不清方向，只能随波逐流。

人的眼光会受到多种因素的影响，如胸怀、见识、胆略等，所处的地位不同，或者站的角度存在差异，都会产生不一样的眼光。同样一元钱，放在商人那里，他就会想着如何去投资，而放在一个饿汉手里，他想的却是买烧饼还是买馒头。

眼光的好坏，小则引出麻烦带来烦恼，大则影响事业的成败，影响一生的幸福。你的未来是成功还是失败，是幸福还是痛苦，这完全取决于你的眼光。

《35 岁前要有的 33 种眼光》这本书就是告诉你应该具备哪 33 种眼光，并教会你如何有意识地去培养这些眼光。读过此书之后，也许你会有一种豁然开朗的感觉，发觉以前的自己在某些地方缺乏眼光。如果你意识到了自己的不足，就不要再耽搁时间，从现在起勇敢地做出改变，学会用睿智的眼光看待你的生活，你的工作，你的人生。

眼光决定命运，眼光决定人生的高度，把握住这 33 种眼光，你就能把握住自己的人生。最后，希望每位读过此书的朋友都能开卷有益，从中有所感悟。

目录 MULU

第一篇　看自己
——35 岁前要有透视自我的清醒眼光

看清自己,我们常常把这句话挂在嘴边,但却很难有人能够真正做到。看清别人容易,看清自己很难,能够对自己有着清醒认识的人,往往都是生活中的强者。人要想在一生中取得点儿成就,就要有透视自我的清醒眼光,因为只有了解了自己,你才能知道自己究竟想要什么,从而将命运把握在自己手中。

1

第二篇 看他人

——35 岁前要有看懂他人的独到眼光

一个人想在工作中做出点成绩,就不能不去了解他人。这看上去不是什么大事,但却实实在在影响着你的工作和生活。现代社会中人与人之间的交往越来越频繁,你只有看懂了他人,才能更好地待人接物,与人交往。成功的人不一定是天赋出众的人,但他们一定对他人有着很深的了解。就是因为有了看懂他人的独到眼光,他们才能在人生的路上越走越顺。

第三篇 看事业

——35 岁前要有看清事业的长远眼光

事业,在每个人的生命中都占据了很重要的位置。人的一生大部分时间都要放在事业上,为之努力,为之奋斗。事业好了,生活就会过得富足美满;事业差了,难免就会悲苦穷困。事业虽不是全部,但却对一个人的生活有着极其重要的影响。所以,35 岁前拥有看清事业的长远眼光,将会让你受益终生。

眼光 10 规划职业方向,看清发展道路

第四篇　看人生

——35 岁前要有审视人生的智慧眼光

人的一生，不过匆匆几十载，犹如白驹过隙。在这短暂的时光里，有人过得幸福美满，也有人悲苦一生。何也？不是人生际遇不同，也不是金钱物质在作怪，这一切都取决于我们是否拥有审视人生的智慧眼光。

第五篇　看金钱

——35 岁前要有看透金钱的财富眼光

有人说，金钱是万恶之源。也有人说，钱这个东西越多越好。每个人都对金钱有着自己的认识，但却不是每个人的认识都正确。金钱，我们少不了它，也不能太看重它。不在乎钱的人生活会过得窘迫，太在乎钱又会让自己迷失于欲望的海洋，这两种都不是正确的金钱观。35 岁前，拥有看透金钱的财富眼光，才能在金钱面前摆正自己的位置。

第六篇　看世情

——35 岁前要有看懂世情的处世眼光

国人现在越来越关注为人处世之道。这是一件可喜的事, 人活在社会中, 就不能脱离这个社会而活。要想成功, 努力是必要的, 但同样也要有看懂世情的处世眼光, 只有这样才不会让自己在现实生活中处处受挫。

第七篇　看情感

——35 岁前要有洞悉情感的理智眼光

情感, 是一个人生命中颇为重要的东西。草木无情, 人皆有情, 作为感情的动物, 情感对人的一生有着重要的影响。如果你的感情生活和谐, 那么你就会排除很多干扰, 最大程度发挥自己的潜力。如果你受到了情感上的困扰, 工作和生活都不会顺利。所以, 35 岁前一定要有洞悉情感的理智眼光, 只有这样才能确保自己不会掉进感情的漩涡无法自拔。

第一篇

看自己

——35 岁前要有透视自我的清醒眼光

　　看清自己，我们常常把这句话挂在嘴边，但却很难有人能够真正做到。看清别人容易，看清自己很难，能够对自己有着清醒认识的人，往往都是生活中的强者。人要想在一生中取得点儿成就，就要有透视自我的清醒眼光，因为只有了解了自己，你才能知道自己究竟想要什么，从而将命运把握在自己手中。

眼光 1　看准自身人格，正视个体差异

> 花有百种，人有千面，每个人都有各自的不同。别人的成功之路未必就是你的成功之路，如果你也想有所成就，首先就要洞悉自己，看准自身人格，这样才能走出一条属于自己的道路。

门儿清——摸清自己的性格特点

古希腊神庙的墙壁上留有这样一段铭文——"人啊，认识你自己"。传闻，大哲学家苏格拉底路过此地时，曾面对这段铭文苦思良久，并最终决定把这句话收录进自己的哲学思想。

认识自己，说来轻松，却并不是每个人都能够做到的。事实上，人们在生活中最常犯下的错误就是对自身缺乏了解。因为不懂得审视自己，同时又不具备透视自我的眼光，使得很多人都不了解自己的性格，更不能掌控自己的性格，这就在无形中影响了他们人生中的很多抉择。

大千世界，芸芸众生，谁都有自己独特的性格特点，性格是人们有别于他人的标志性符号。因为性格上的差异，导致了每个人的人生际遇都各不相同，可以说性格在很大程度上影响了一个人的命运。

性格决定命运，想要掌控自己的命运，首先就要掌控自己的性格。当你摸清了自己的性格特点，就能更加从容地选择今后的人生道路，不会因性格上的缺陷而四处碰壁。

李德是一个性格十分内向的人，在学校的时候就不爱与人交流，偶尔和陌生人说话都会脸红。从学校出来之后，由于专业过于冷门的原因，李德很长一段时间都找不到工作。

工作难找让李德整日里忧心忡忡，一次，他在招聘报纸上无意间看到一家房地产中介公司在招业务员，薪水很是丰厚。抱着试一试的心态，李德来到了这家公司。经过一番面试，他顺利地得到了这个职位。

找到工作后李德很高兴，但没想到刚上岗就感到十分头大。房产业务员每天的主要工作就是给客户打电话，要么就是带客户看房子，这对性格内向的李德来说无疑是一个严峻的考验。平时的李德不怎么和陌生人说话，所以交际能力很差，和客户交流的时候经常是结结巴巴的，客户听了心烦，他自己也就更加信心不足。来到这家公司一个多月，李德一单生意都没有谈成，只能眼巴巴看着同事们拿奖金，自己却拿着微薄的底薪。

坚持了一段时间后，李德发现自己还是胜任不了这份工作，于是便辞职离开了。没过多久，他的一个朋友又喊他去保险公司做推销，但这次李德委婉地拒绝了，因为他已经知道自己的性格并不适合这样的工作。

后来，经朋友介绍李德在当地一家图书馆找到了工作。在这里，他每天负责整理馆内的书籍。虽然工作很单调，而且薪水也不多，但在图书馆里不用接触那么多人，这对性格内向的李德是一份合适的工作。

现实中有很多人碰壁都是因为对自己的性格不甚了解。性格影响命运，所以更应该根据性格特点去选择适合自己的人生之路。假如你对自己的性格十分了解，那么你就会清楚自己的优势和劣势，从而确保自己总是做出正确的选择，占据生活的主动。

了解自己的性格，不仅能让你在人生的选择上方向更明确，同时还能帮助你控制好自己的性格，与成功更加接近。放眼古今，那些成功人士大多是自制力

很强的人,而这种自制力正是来源于他们对自身性格的了解。如果一个人不清楚自身的性格特点,那么自制也就无从谈起了。

二战时期美国著名将军巴顿,是一个性格十分矛盾的人,他被人称呼为"痞子将军",但他却有着一颗柔软的心。他性格暴躁,对待下属却爱戴有加。

巴顿的秘书回忆道:"我第一天给巴顿做秘书的时候,就知道是在为两个人服务,而不是一个人。巴顿性格的一方面是沉着冷静,另一方面是暴躁紧张。"

巴顿的性格十分矛盾,两极化的性格在他身上显露无遗,但可贵的是他自己十分清楚这一点。因为摸清了自己的性格特点,所以巴顿能够较好地控制性格,不让两极化的性格影响自己。

他火爆的脾气让他在士兵中树立了威信,赢得了铁腕治军之名;而他的沉着冷静又让他在战场上可以做出最冷静的判断,正是因为控制了自己的性格,巴顿才终成一代军神。

性格是一把双刃剑,既可以让一个人获得成功,又可以把人推入失败的深渊。所以,如果你想在人生中有点成就,就应该好好了解自己的性格,不让性格成为自己前进路上的绊脚石。年轻人不了解自己的性格不可怕,但如果你过了而立之年还是这副模样,那么你日后的人生旅程可能就不会那么顺利了。

人的性格多种多样,一千个人可能会有一千种性格,每个人的性格都不尽相同,但大致说来,性格可以分为两大类:

1.外向性格

外向性格的人,能言善辩,是交际场上的一把好手,他们天性乐观开朗,善于调动气氛,适合做与人交往的工作。如人事顾问、管理人员、律师、记者、政治家、警察、售货员、演员、推销员、广告人员等。

2.内向性格

内向性格的人,沉默寡语,不善与人交流,人际沟通能力较差。不过他们也有自己的优势,内向的人一般都比较有耐心,做事谨慎,考虑周密,这样的人适合从事类似研究的工作，如医生、科学家、机械师、编辑、工程师、技术人员、艺术家、会计师、打字员、程序设计员等。

　　当然，也有人身上兼具内向与外向两种性格，生活中屡见不鲜的例子就是腼腆内向的企业家可以在公众面前慷慨激昂地演讲，而活泼好动的人在安静的实验室里度过一生。

　　性格决定一个人的命运，所以你应该去好好了解自己的性格。如果你发现自己的性格有缺陷，就该着手去解决，以免因为自己的性格而酿成大祸。其实成功人士与我们最大的区别就是，他们能够摸清自己的性格，控制自己的性格，并善于利用自己的性格。如果你也能做到这些，那么相信你的一生肯定不会平庸度过。

拥有健全的人格

　　一般说来，我们所认为的健康指的就是生理上的健康，而不包含心理上的健康，其实这是个不小的误区。

　　世界卫生组织对健康的定义是：一种生理、心理和社会适应能力都趋于完善的状态。也就是说，健康不仅仅只是身体没有疾病或虚弱的状态。这个定义强调了心理健康的重要性，一个身体强壮没有病的人，只能说他生理上处于健康的状态；只有心理和生理都健康的人，才能够称之为是一个完全健康的人。

　　要想心理保持健康，我们就要不断地去健全和完善自己的人格。每个人生下来人格都不是十全十美的，有人懦弱，有人孤僻，有人心胸狭隘，有人一受挫折就萎靡不振。谁都或多或少会有一些人格上的缺陷，这并不奇怪，可如果你明知道自己有严重的人格缺陷，却不知道去改正，那么很有可能就会在今后的人生道路上吃苦头。

　　现代社会节奏越来越快，背负在每个人身上的压力也是越来越大，有来

自外部的,也有来自内部的。一些人格不健全的人在这沉重的压力下步履蹒跚,过着没有希望、没有快乐的生活,有些人抑郁之下甚至选择了极端的方式解脱。

人随着年龄的成长,需要完善的不仅仅只是自己的工作能力和待人接物的能力,更需要完善和健全的是自己的人格。如果在 35 岁以前,你在人格上有这样那样的缺陷,那么请清醒地透视自我,认清这些缺陷,并且努力地去改正。这样,在 35 岁之后你的人生才不会陷入败局。

可能有人会问,人格上的缺陷应该如何去完善,去健全?其实,要想成为人格健全的人并不难,只要你能做到以下几个方面,那么你就会拥有一个健全的人格。

1.认识自我,接纳自我

人格健全的人能够认识到自身存在的价值,无论他们的相貌是丑是美,地位是尊是卑,他们都喜欢自己,乐于接受自己。而那些人格不健全的人,则总是对自己感到不满意,即使他们已经拥有了很好的条件,仍旧抱怨命运的不公。

女作家海伦·凯勒生来又盲又聋,比起很多人来她可以算是大大的不幸,但她却没有埋怨命运的不公,因为她知道这种抱怨只会让她陷于更加糟糕的境地之中。海伦眼睛失明,双耳失聪,她就用心去感悟生活,感悟人生。海伦一生写下了 14 部著作,还走遍世界,毕生致力于残疾人的福利和教育事业。这样一个幽闭在黑暗世界中的人,因为有着连很多正常人都没有的健全人格,所以用自己的生命谱写了一段美丽的传奇。

比起海伦·凯勒来,我们很多人的不幸与不顺算不上什么,所以,从现在这刻起,重新审视镜子中的那个自己吧,也许你会突然发现自己已经爱上了它。

2.宽容他人，乐于与人相处

人格健全的人，乐观开朗，善于接纳别人，也总是能够博得别人的喜爱。每到一处，他们都能感染身边的人，将积极乐观的情绪传播到所到之处。与之相反，有些人格不健全的人总是和集体格格不入，他们不合群，缺乏与人沟通的能力和意愿。当这样的人来到你身边时，你总能感到阵阵寒意，本来喧闹的场面也可能因为他们的到来以尴尬收场。

社会在进步，人与人之间沟通的能力也被愈发重视起来，木讷、不善于与人交流，不仅会影响他人的情绪，同时也会影响到自己的情绪。所以，无论你生来是内向还是外向的性格，都请尝试着打开你的心扉，去勇敢地与人交流吧。

3.正确认识现实，接受现实

生活中我们难免会遭遇这样和那样的不顺，不可能总是一帆风顺的。当你遇到麻烦和问题时，选择逃避并不是一个好办法。在这种情况下，人格健全的人会勇敢地站出来面对现实，正视现实，接受现实，并勇敢地去适应甚至改变现实，所以这些人永远都是生活中的强者。那些遇到挫折只会默默啜泣的人，既逃避不了现实的折磨，也不可能拥有幸福的生活。

4.热爱工作，热爱生活

有不少人把工作当成随意应付的差事，把生活当成无所事事地混日子。有着这种想法的人，人格上必然有严重的缺陷。那些真正热爱工作和生活的人，每天都充满了旺盛的精力，他们享受工作和生活，因此每天都能拥有愉悦的心情。

5.具有高尚的价值观，追求崇高的人生目标。

生活的目标是什么？有的人活着是为了名，有的人活着是为了利，其实这些人都有着人格上的缺陷。真正拥有健全人格的人，能够以正确的态度去面对名与利，他们不以追求名利为人生的目标，拥有高尚的人生观和价值观。

对名利的一味追逐很容易让人迷失方向，即使你最终争取到了，也难免会产生一股莫名的失落感，这是因为你的人生目标定的不对。当你拥有了健全的

人格,就知道自己是为何而活,人生的意义何在,再不会感到空虚与落寞。

有位哲学家曾经说过:"人格的完善为本,财富的确立是末。"的确,在这个物欲横流的社会中,如果你没有拥有透视自我的清醒眼光,那么就很容易迷失方向。只有完善了自己的人格,让自己的人格不断趋于完美,才能在人生的道路上感受精彩,享受精彩。

眼光 2　洞悉自身优缺点，人贵有自知之明

这个世界上没有谁是十全十美的，所以你不必掩盖自己的缺点，也不必羞于提起这些缺点。人贵有自知之明，只有看准了自己的优势和不足，找准自己最擅长的事，才能早日到达成功的波岸。

努力是关键，但天赋奠定你的人生基础

很多人都听过"铁杵磨成针"的故事：

李白少年时在山中读书，还没读完就离去，经过一条小溪的时候看见一个老婆婆在磨铁杵。李白问："把这么粗的铁杵磨成针，有可能吗？"老婆婆回答："只要功夫深。"李白听了这句话后深受触动，回到山上继续读书，经过多年苦读，终于成为了一名伟大的诗人。

这个故事告诉我们，只要努力，没有什么事情是做不成的。事实上，从小到大，我们一直都被灌输着这样的观念——不成功不是因为别的，只是因为你不够努力，仿佛只要你努力了，天底下就没有什么事情是干不成的。然而，事情真的是这样吗？

其实，李白的故事还远远没有结束。在成为当时有名的诗人后，李白开始憧憬为国家建功立业。为了进入官场，他四处结交朋友，希望别人能推荐他入朝。可是，李白虽然才华横溢，但却不具备政治上的头脑，性格也过于狂放不羁，他

几番入朝,均与官场文化格格不入。在朝堂上,他没有做出什么突出的成就,还因自己的性格得罪了一批权贵。

仕途失意一度让李白远离官场,但他并没有意识到自己不适合那个圈子,依然对此残留幻想。李白晚年的时候,安史之乱爆发,他应邀进入永王李璘幕下,本想劝李璘靖难擒贼,却没有看出这位王子的狼子野心。当时李璘有割据为王的意图,四处收拢能人,一些有远见卓识的名士都纷纷退避三舍,唯有李白上当去做他的幕僚。不久之后,李璘兵败被杀,李白也受到牵连下狱。后来虽被人所救,但没过多久又因为得罪人被流放夜郎,晚景凄惨。

李白的故事警醒我们,成功固然离不开后天的努力,但天赋是前提条件。李白能成为伟大的诗人是因为他在诗歌方面有着过人的天赋,李白成为一个蹩脚的政治家部分原因是因为他不具备政治方面的天赋。天赋对人生走向的影响不可小视。

一根铁杵经过千万次的打磨可以磨成细细的绣花针,但如果给你一根木棍,即使白天黑夜不间断地去磨,最后得到的也只能是一堆木屑。

想要在人生中有所成就,选对方向,走好第一步是关键。如果你明知道自己没有某方面的天赋,还要硬着头皮去干、去闯,即使你付出了再多的努力,也难以取得什么大的成就。反之,如果你去从事自己擅长的那些行业,充分利用自己的天赋,那么就能够充分发挥自己的潜能,人生之路也会越走越顺。

黄小妍是师范专业出身,曾经想在教育行业有所发展。毕业后,她在当地一家教育投资连锁公司下属的中学担任了任课老师。每天,除了完成正常的授课工作,她还主动承担起了网站编辑和校园活动策划等工作。

工作一段时间以后,黄小妍发现自己过得很不开心。她的个性活泼开朗,并不适合这种死板的工作模式。而且,学校对每位老师的教学方式都有严格的要求,黄小妍有很多好的想法都难以实现,这让她感到郁郁不得志。于是,工作了一年多之后,她跳槽去了一家教育发展投资公司做市场专员,每天负责出外跑业务。

黄小妍个性开朗,交际能力强,这份工作简直可以说是为她量身定做的。没用多长的时间,黄小妍就熟悉了业务流程,每月的业绩蒸蒸日上,不久之后就升职做了主管。后来,由于工作上表现出色,黄小妍被调到市场部担任助理,她在这里开始全面接触市场工作。在助理这个职位上,黄小妍充分发挥了自己的长处,尤其在市场策划方面显示出了过人的能力。三年后,原先的市场部经理调任,黄小妍坐到了这个位子上。

从黄小姐身上,我们可以看到天赋对一个人前程影响的重要性。如果黄小妍继续在教育机构做下去,也许通过多年的经验积累她会在职称上有所提高,但职业发展的空间极其有限。而转行到了市场领域,让她的天赋得以充分开发,她的人生道路也越走越宽阔。

现在有很多人的生存状态就是一种随行就市的状态,他们不知道去主导自己的命运,总是以"专业人士"、"工作经验"这些美丽的借口来搪塞自己,殊不知他们之所以在各自的领域内一直原地踏步,就是因为白白浪费了自身的天赋。

当然,重视天赋并不代表忽视努力,其实努力和天赋是相辅相成的。努力是后天的,是主观的,是我们可以决定的;而天赋是先天的,是客观的,不以人的意志为转移。因此,在进行人生选择的时候,首先要有洞悉自我的眼光,认准自己的天赋,选择那些能够充分发挥自己才能的岗位,只有这样才能获得更大的人生成就。

爱迪生说过:"成功来源于99%的汗水加1%的灵感。"这句话相信大家已经耳熟能详,但其实我们更应该记住的是后一句话——但很多时候这1%的灵感比99%的汗水更加重要。

真正的成功,往往取决于你身上1%的灵感,而这1%却是怎么努力都得不

到的，这是天赋。诚然，努力可以让你变得优秀，但如果再加上天赋，你就可以成就卓越。

看准自己的优势和不足

有句老话说得好，金无足赤，人无完人。在这个世界上并不存在十全十美的人，每个人都或多或少有着不足，每个人也同样都有着自己与众不同的优势。尺有所短，寸有所长，这是再正常不过的事了。

既然每个人都有自己的优势和不足，那么就应该用清醒的眼光去审视自己，看看自己身上有哪些不好的地方需要改正，又有哪些好的地方需要发扬。改正不足，发挥优势，才能取得长足的进步；扬长避短，趋利避害，才能避免自己犯下严重的错误。

聪明的人了解自己，知道自己最擅长什么，不擅长什么，所以他们会选择自己最擅长的工作去做，充分发挥身体内的潜能。而庸人则总是糊里糊涂，没有自知之明，不知道自己适合去干什么，总是在现实中碰壁，撞得头破血流。

知己知彼，方能百战不殆。如果你连自己都不了解，那么又怎么能在人生的旅途中赢下一场又一场的战役呢？看看那些取得过重大成就的人，无一不是最大限度发挥了自己的优势，正是因为认清了自己的优势和不足，他们才能够实现人生的突破。

有这样一个故事，从前有一个年轻人，家里贫穷，很早就辍学了。由于没有受过多少教育，所以他只能从事着低微卑贱的工作，工作繁重不说，每月的薪水也少得可怜，还经常要遭受别人的白眼和嘲讽。

每天过着这样暗无天日的生活，这个年轻人失落极了，他感到自己的前途一片黑暗，毫无希望。终于，在一个傍晚，他来到海边，准备向下一跃结束年轻的生命。恰在此时，一位神父正好途经此地，见到年轻人想要轻生，连忙制止了他，耐心地开导他。

这位年轻人对神父倾吐了心中的困扰，他觉得自己一无所长，一辈子只能这么庸庸碌碌地过下去，所以感到非常迷茫。这时，神父注意到了他口袋里有一块手帕，上面画着一朵美丽的蔷薇花，于是就问："这蔷薇花真漂亮，能告诉我是谁画的吗？"年轻人一愣，有点不好意思地说："这是我无聊时候画的。"

神父笑了，对他说："谁说你一无所长，我看你的画不比那些在画廊里展出的画差，如果你再练习练习，说不定将来能成为一个大画家！"

年轻人将信将疑地看着神父，从他的眼神里感受到了信任和尊重。从那以后，年轻人开始利用业余的时间练习画画，他画飞鸟，画游鱼，画城市的美景，画路边的美丽姑娘。日复一日，年轻人坚持不懈地练习，终于练就了一身高超的绘画本领。

有一次，一个大艺术家路过这个城市，不经意间看到了年轻人的作品，他感到十分吃惊，便邀请他参加画展。在画展上，年轻人展示了这些年珍藏的作品，那高超的画技让无数人为之着迷，年轻人的名声不胫而走，很快便成为了那座城市最有名的画家。

一个原本前途灰暗的年轻人，就是因为看准了自己的优势和不足，由此成就了一番惊人的事业。这并不是格林童话里的故事，而是很有可能发生在你身边或者你身上的事。只要你看准了自己的优势，认清了自己的不足，你就能更加明确自己的人生方向，让成功触手可及。

看清自我并不是一件容易的事，很多人能轻而易举地看出别人的优点、缺点，但一看自己就有失偏颇——不是过高地估计了自己，就是过低地轻视自己。当你去审视自我，透视自我的时候，一定要保持一颗平常心，不要轻视自己——这会让你忽略自己的优势，也不要高看自己——这会让你忘掉自己的缺点。

要想看清自身存在的优势和不足，规划好自己人生的方向，就要经常性地进行自我分析，审视自己，找到理想和现实的差距，并制订达成目标的计划，这

样你才能很快意识到自己的优势和劣势。

如果你想要了解自己的优势和不足,不妨每天问自己三个问题:

1.你的学历、培训经历、学习成绩、工作经验如何?你理想中的工作又是什么?

2.如果有一个理想的职位,那么你现在的个人能力能否胜任这份工作?

3.你有哪些能力?这里的能力包括了观察力、注意力、记忆力、思考力和预测力,等等。

几个简单的小问题,却能够让你更加清楚地了解自己,时刻保持清醒。当你每天反复地问自己这些问题时,你就会发现你对自己的优势和不足了如指掌,而这也会督促你去改正不足,不断地提高自己。

也许,你正在苦恼自己一无所长;也许,你还在认为自己完美无缺。那么,从现在开始,尝试着对自己有一个新的认识吧!这个世界上不存在完美无缺的人,也不存在毫无用处的人。正视你自己,看准你的优势和不足,你的眼光将会决定你人生成就的大小。

你只需要做自己最擅长的事

一个人能获得多大的成就,往往取决于他是否选对了做什么事。

很多人都向往成功,渴望成功,但对于如何成功却又茫然无头绪。其实,成功并没有你所想象的那么难,只要选择去做自己最擅长的那些事,成功也就离你咫尺之遥。

为什么有的人能在短暂的一生中绽放耀眼的光芒,有的人一辈子都只是庸庸碌碌,原因有很多,但非常重要的一点就是成功、卓越的人总是在做自己最擅长的事,而庸庸碌碌的人则总是做着自己不喜欢、不擅长的事。

要想成功;必须做出选择;要学会选择,必须先了解自己,做自己的主人。当你清楚了自己最擅长什么，并下定决心去做的时候，其实成功已经唾手可得。

美国社会学家的研究显示，绝大多数人的智商、天赋都是均衡的，或许某人在某一方面有优势，但在别的方面不一定也胜过别人，有优势的同时也会存在劣势。人无完人，谁也不可能在每个领域都非常突出，很多人只在特定的领域有天赋。例如，有人善于分析，有人灵感很多，有人长于谋略，有人精通表演。只有比较准确地找到了自己所擅长的方向，才能合理地规划自己人生的方向。

奥托·瓦拉赫是诺贝尔化学奖获得者，他的成长经历一波三折。在读中学的时候，父母安排他走上一条文学之路，没想到一个学期下来，老师给他写下了这样的评语："这个孩子学习很用功，但缺乏想象力，这样的人即使有高超的智慧，也绝对没有可能在文学上表现出来。"无奈之下，父母只能又送他去学油画，可瓦拉赫对油画更不擅长，他既不会构图，又不会润色，对艺术的理解力也不强，成绩总是处在全班末流。这一次学校老师给的评语更加让人难以接受："你是绘画艺术方面不可造就之材。"

当时很多老师已经拿这个"笨拙"的孩子没什么办法，大家都认为他没什么成材的希望了。唯独化学老师还对瓦拉赫抱有希望，他发现这个孩子做事一丝不苟，这可是做化学实验的一个好素质。于是，化学老师建议瓦拉赫来学化学，他的父母接受了这个建议。没想到，刚一接触到化学，瓦拉赫智慧的火花就被点燃了。一个"文学艺术方面的不可造就之材"转眼间就成了化学方面的高材生，成绩远远领先于其他学生，前途无量……

瓦拉赫的成功，说明了这样一件事。人的智能发展并不是均衡的，既有优点也有缺点，只有找到自己智能的最佳点，才能够最大程度挖掘自身的潜力。成功的诀窍在于经营自己的长处，做自己最擅长的事，否则就会因此而错失宝贵的机会。

每个人都有自己的长项和短项，人生的成功，很大程度上决定于一个人对长项和短项的选择。成功最关键的因素就是要知道自己的优势是什么，之后就

是放弃自己的短项,将大部分精力都放在长项上,这样才更容易有所成就。

在别人眼中,德塞纳维尔是毫无用处的庸才,他身无长技,诸事不通,简直笨得要命。然而,德塞纳维尔总是觉得自己有些与众不同之处。

德塞纳维尔没事的时候就喜欢哼哼小调,有一天,他突发灵感,哼出了一段悠扬的小调,并且用录音机录了下来,还请人写成乐谱,名字就叫做《阿德丽娜叙事曲》——阿德丽娜正是他的大女儿。

曲子谱好后,德塞纳维尔在罗曼维尔市找了一个年轻的钢琴师来演奏这首曲子,这个钢琴师毫无名气,德塞纳维尔给他取了个艺名,叫做理查德·克莱德曼。

这首随口哼出来的小曲子,迅速在音乐界引起了轰动,唱片在全世界销了2600 万张。德塞纳维尔轻而易举地就赚了一大笔钱。他对慕名来采访的记者说:"我不懂得乐器,也不懂和声,只是随口哼出些大众爱听的调子。"

在此后的 20 年间,德塞纳维尔一直在从事着自己最擅长的事——哼曲子,其他的一概不管。德塞纳维尔在这些年里创作出了无数脍炙人口的乐曲,靠着这些曲子的巨额版税,他成为了腰缠万贯的富翁。

做自己擅长的事,就是获取成功最大的法宝。每个人在孩提时代都会有很多美好的梦想,但长大之后才发现有些梦想是不切实际的。不是每个人都能成为科学家,也不是每个人都能成为大作家,你有什么样的才能,就应该根据这个才能去制定自己人生的方向。那些已经成就卓越的人,不过是发挥了自身的长处,在自己最适合的领域取得成就罢了。

人生总会有一个适合你的位置,它能让你做自己最擅长的事,让你的才能发挥得淋漓尽致。当你做着自己最擅长的事时,不仅会发挥出自身最大的潜能,同时也会感受到巨大的成就感。人尽其才,物尽其用,这是再简单不过的道理。

眼光 3　审视自己的理想,给人生一个目标

你的理想是什么?你的人生目标是什么?你到底想要什么?当你明确了这些问题,你就会更加明确今后人生的方向。眼光有多远,注注决定了你的人生会达到什么高度。

问问自己,想要什么

你想要的是什么?你觉得什么是最重要的?你到底想过怎样的生活?成为怎样的人呢?这些问题是困扰每个人一生的问题。或许,你为了逃避烦恼而不想去问自己这些问题,但你可能因为不清楚这些问题而感到更加烦恼。

生活中有这样一类人,他们的习惯是随大流,人云亦云,喜欢跟着别人的脚步走。殊不知,每个人都有各自的不同,没有哪一种生活方式或者成功之路可以被完全复制,因此,想要完全效仿别人来实现自己的人生理想是不可能的。

如果你想在人生中有所成就,最重要的一点就是知道自己想要什么,什么是最重要的。假如你了解了这些,就会减少很多盲目和冲动,也会在困难的时候多一点忍耐,在选择的时候多一些决心。条条大路通往罗马,限制我们思维的往往只有自己。

年轻人来到一个陌生的大城市找工作,他刚刚离开大学校园,在这个城市举目无亲,面对纷繁的世界有些迷乱,一度陷入彷徨之中。

很长一段时间，年轻人都找不到一份合适的工作，经常做了几周就换一份工作，一年下来也没什么发展。

终于有一天，年轻人觉得不能再这么下去了，他要为未来制订一个新的计划。年轻人拿出了一张纸，在上面写下了自己的人生理想，职业取向，然后将它贴在墙上。每天下班回来，他都要将这张纸上的内容反复读几遍。

半年之后，年轻人终于找到了一家有名的公司，在那里从事自己喜爱的工作。又过了一年，年轻人通过不懈的努力，赢得了上司的赏识，成功晋升为经理。

后来，年轻人搬家了，临走的时候丢下了很多东西，唯独没有忘记的是那张贴在墙上的纸条。正是这张小小的纸条，让他明确了自己到底想要的是什么，从而找准了人生的方向。

人无远虑必有近忧，如果你不清楚自己想要什么，那么就不知道今后该往哪走，蒙着头乱撞只会让你在现实中碰得头破血流。而一旦你搞懂了自己究竟想要什么，就会激发自身的潜力，在喜欢的领域上创造一番成就。

在人生的旅途中，我们会受到各种各样的诱惑，一不小心就可能偏离正确的道路。那些看起来前途一片灿烂的道路也许并不适合你，而走上一条错误的路只会让你越走越累，最终迷失自己。人生中最悲哀的，莫过于走了很远的路，回过头来一看，才发现其实这条路并不是自己真正想走的。

人的一生其实很短暂，并没有太多的机会让你回头。所以，知道自己想要什么，选择一条想走的路，对于每个人来说都是非常关键的。

一位名人说过："我是命运的主人，我主宰我的心灵。"事实上，我们每个人都应该学会做自己的主人，审视自己的理想，掌握自己的命运，而不是总是跟随别人的脚步。当你为了金钱日夜拼命时，当你为了权力而绞尽脑汁时，不妨停下来想一想，你所追求的那些东西是否真正是你想要的。

人的第一天职是什么？答案很简单：做自己。认清自己的理想，把握自己的命运，这样才能实现自己的人生价值。

达尔文的祖父和父亲都是当地的医生，有着一份体面的工作，因此他的父母也希望达尔文将来能够子承父业，同样成为一名医生。

少年的达尔文也曾遵循父亲的意愿学习医术，但他很快就发现自己对这些毫无兴趣。他是一个生性活泼的人，喜欢四处游玩，对大自然充满了好奇。在农学院的时候，他经常跑到野外去采集动物植物的标本。父亲认为他游手好闲，不务正业，一怒之下把他送到剑桥大学学习神学，希望将来他能够成为一个"尊贵的牧师"。

没想到，来到剑桥大学后，达尔文对自然历史的兴趣越来越浓，完全放弃了神学的学习。在剑桥就学期间，达尔文还有幸结识了著名的植物学家 J·亨斯洛和著名的地质学家席基维克，并接受了植物学和地质学的系统学习。

1831 年，达尔文以"博物学家"的身份坐上了英国海军的"小猎犬号"，开始了环绕世界的科学考察旅行。在这次旅行中，达尔文接触到了大量以前闻所未闻、见所未见的自然生物，极大地拓宽了自己的视野，而此时他也更加坚定了自己想要的是什么。

1859 年后，达尔文多年整理撰写的《物种起源》一书正式面世，初版 1250 册当天即售罄。这样一个原本被认为是不务正业、与聪明沾不上边的人，竟然成为了生物进化论的发现者。

你想要什么，认为什么最重要，体现了你个人的价值观和原则。尽管你所想要的未必都能够实现，但至少为你勾勒出了一幅蓝图，不会让你陷入"忙、盲、茫"的怪圈。

如果你正处在两难的境地之中，如果你依旧对未来的方向感到迷茫，那么就把自己的价值观和原则都写下来，每隔一段时间拿出来看看，适当地进行修改和确认。这张纸会成为你的一面镜子，让你更加从容地在众多的机会中取舍，对自己进行合理的调整。

规划未来，有三个问题很重要。一是"我要到哪里去"，二是"我该如何到达

那里"，三是"我怎样确定已经到了那里"。只有知道想去哪，才能知道自己要做什么；只有知道自己怎么去那里，才会避免走很多弯路；也只有明晓是否已经到了那里，才能确定现在得到的一切是不是你想要的。这不仅仅适用于人生大方向的规划，更适用于工作和生活中一些小的选择和判断。

现在就问问自己，你想要的是什么？也许你对此已经有了答案，那么不妨就把这些答案写在纸上，经常拿出来看一下吧。

结合理想，制定一个目标

一只没有舵或者看不到灯塔的航船，在暴风雨中无法掌控自己的方向，无论怎样挣扎，都无法摆脱激流的漩涡。到达彼岸对于这只航船来说是一个遥不可及的梦，它最后的结果只能是被汹涌的波涛卷入海底。

航船如此，人生同样如此。人的一生，要想有所成就，就必须树立一个清晰而远大的目标。没有目标的人，便犹如看不清航向的船只，只能如无头苍蝇般挣扎在命运的洪流中，最终迷失自我。

有了目标，也许你并不一定能够获得成功；没有目标，可以肯定的是你永远都不会有所收获。没有目标，你就不知道该做什么，也没有去做的动力，这样的人注定了一辈子平庸。

有 3 名瓦工，在酷暑的下午辛苦地砌着一面墙。一个行人路过，问道："你们几个在干什么？"

"我在砌墙。"一人答道。

"我在赚钱，每干一小时的活，就能得 5 元工钱。"第二个瓦工答道。

行人又走了几步，来到第三个瓦工身边，这个瓦工正在埋头砌墙，专注又认真。行人向他提出了同样的问题，这个瓦工仰望天空思考了一会儿，然后回答："我在修建一所美丽的教堂，这个教堂会让附近的人们受益，将来，我还会用自己的双手建造一个美丽的城市。"

多年之后,那两个瓦工的境遇没有丝毫的改变,他们依然在酷暑中埋头砌墙,而第三个瓦工,则成为了一名享誉世界的建筑师。

现实在此岸,梦想在彼岸,努力是连接现实和梦想的桥梁,而目标则是指引你通过这座桥梁的指明灯。只有点亮了这盏指明灯,你才能确保自己在通往梦想的彼岸时不会迷失方向,直到有一天到达目的地。如果你的前进道路上没有这盏明灯指引,一不小心就会从桥梁上失足坠落,与终点渐行渐远。

有句名言说:"如果一个人活着却不知道自己将驶往何处码头,那么任何风都不会是顺风。"当你制定了清晰的目标时,你会发现人生的道路越走越宽,越走越顺。假如你的目标模糊不清,甚至是没有目标,那么麻烦和烦恼会接踵而至。

一个不知目标为何物的人,在前进的途中不仅缺乏方向,也缺少动力,稍遇挫折他们就可能堕入沉沦的深渊。而有着明确目标,并且时刻将这个目标铭记于心的那些人,则有着强大的内心,无论多大的挫折和磨难都无法使他们屈服。

3 只青蛙不约而同地掉进了鲜奶桶里。

第一只青蛙连挣扎都没有,直接闭上眼睛,蜷起后腿,灰心丧气地说:"这是命。"然后就静静等待死亡的来临。

第二只青蛙尝试着跳了几下,但脚下没有借力的地方,几次努力都宣告失败。它绝望地说道:"这桶看来太深了,以我的跳跃能力绝对不可能出去,这次死定了。"继而,它沉入桶底淹死了。

第三只青蛙也跳了几下,虽然没有成功,但心里却有了目标。它对自己说:"真是不幸,但幸好我的后腿还有劲,我要找到垫脚的东西,然后跳出这只可怕的桶。"

于是,这第三只青蛙一边用腿不断地搅动鲜奶,一边尝试着跳出去。慢慢地,奶在它的搅拌下形成了奶油块,青蛙发觉后在奶油块上借力一蹬,终于跳出了奶桶。

是什么支撑着这只青蛙奋力求生的信念?不错,正是一个小小的目标。在陷入逆境的时候,"找到垫脚的东西,跳出这只可怕的桶"这个目标救了青蛙一命,而它的两个同伴因为没有目标,则永远留在了奶桶里。

制定目标的重要性已经无须多言,那么应该如何制定一个适合自己的目标呢?

在小的时候,我们每个人都会为自己设立各种各样的目标,有人想成为文学家,有人想成为科学家,有人想成为光荣的军人,有人想要去遨游太空。然而,当我们长大了,目标反而变得越来越单一,大多数人的目标只是赚钱,赚钱,再赚钱。

固然,在这个竞争激烈的社会里,没有钱就无法很好地生活下去。但是,如果单纯把赚钱当做人生的目标,那样不仅显得肤浅,同时也会感到异常空虚。很多人为了赚钱放弃了自己的理想,放弃了自己的爱好,像个机器人一样拼命地工作,整个人忙得都麻木了。试问,即使这样赚到了很多钱,又有什么意义呢?

由此,我们知道,制定人生目标离不开自己的理想。理想,是我们身上一种宝贵的财富。正是因为有了理想,我们才会对未来充满憧憬,充满希望,如果制定目标的时候不去结合自己的理想,那么这个目标就是苍白而不切实际的,即使你一开始能被这个目标鼓舞干劲,但时间一长必定会感到厌烦。

蒸汽机车的发明者史蒂芬森有多个兄弟姐妹,因为贫困,他上不起学,只好去给邻居家放牛。很小的时候,史蒂芬森就对蒸汽机产生了浓厚的兴趣,一有时间,他就用黏土、空心树枝做管子,制作蒸汽机的模型,而他孩提时期最大的梦想就是长大了能够亲手设计蒸汽机。

随着年龄的逐渐增长,史蒂芬森对蒸汽机的兴趣越来越浓,他为自己设下了目标,将来要在蒸汽机领域有大的成就。在很多人看来,史蒂芬森的目标很可笑,但他从来不在乎别人的看法。他热爱蒸汽机,所以愿意为此倾注精力。

没有机会读书,史蒂芬森就自学成材。当同龄人在假期游玩、逛酒吧的时候,史蒂芬森却在拆洗机器,认真地做研究实验。17 岁那一年,他成功地组装了一台蒸汽机。之后,他更是创办了属于自己的蒸汽机厂,并设计建造了第一台能够拖动客车的蒸汽机车。

一位名人说过:"如果你很想得到某件东西,那么就需要把它当做自己坚定的目标。在人们充满信心地追求一个目标时,会有很多不可思议的事情发生。"的确,当理想与目标紧密地结合在一起时,你会感到全身都充满了动力,也能感受到莫大的快乐。有了适合自己的人生目标,并为之不懈奋斗,这样的人生才会过得充实、趣味盎然。

每个人都知道树立目标对于人生的重要性,但不是每个人都会为自己设立目标。假如你此刻还缺少一个令你血脉沸腾的目标,那么就请静下心来,想想你的梦想是什么,继而为自己制定一个清晰而远大的目标吧。

给自己准确定位,明确奋斗的方向

我是谁?从哪里来?往何处去?每个人从懂事起,就开始不断地询问自己这个问题。这是人生最难搞懂的问题,却又是必须去弄清楚的问题。你的人生是充满希望和阳光,还是满布阴霾,都取决于你是否拥有了透视自我的眼光。

找准自己的定位,是每个人生命中的一件大事。人贵有自知之明,能够准确定位自己的都是聪明人,这样的人也往往更容易获得成功,因为他们清楚自己的能力。反观那些对自己定位不清的人,因为对自己的能力大小不甚了解,所以常常要面临来自各方面的问题和困扰。

一只狐狸出外觅食,它在清晨时看了一眼自己拖在地上长长的身影,然后信心十足地说:"今天我要拿一只骆驼当做午餐。"于是,整个上午它奔波着,追逐着,却没有捕到一只骆驼。很快,正午的太阳就照在了它的头顶,狐狸又看了一眼自己的身影,发现此刻的自己竟是如此矮小,于是,它灰心丧气地说:"也许

一只老鼠就够了。"

狐狸为什么会在早上和中午犯下了两次截然不同的错误,原因就在于它缺少了透视自我的眼光,不能看清自己。晨曦的阳光不负责任地拉长了它的身影,让它认为自己高大、雄壮,是威风凛凛的万兽之王。而正午的阳光又把它的身影迅速地缩短,狐狸的自信也随之荡然无存。

看过这个故事,很多人都会莞尔一笑,嘲笑那只笨狐狸。但仔细想一想,你的身边有没有人,或者你自己,是否也犯过这种错误呢?过于夸大自己的能力,或是莫名地妄自菲薄,认为自己软弱无能,都是因为没有正确地认识自己。其实,你并不如所想的那般无所不能,却也不是一无所能,每个人都有自己的优点和缺点,只有经常性地进行"反躬自省",才能够让我们认识真实的自己。

想在一生中做出点成就,首先就要给自己进行准确的定位。许多人的人生之旅颇为不顺,就是因为对自己的定位不够准确,一旦你有了合理的定位,那么原本枯萎的人生就会盛开出美丽鲜艳的花朵。

汽车大王福特降生在一个农场之家,按理说他应该接下父亲的产业,成为一个新的农场主。但是,福特自己对农场毫无兴趣,他没有听从父亲的安排去农场工作,而是把大量的时间都花在了自己喜欢的机械师训练上。

福特对自己有着清醒的认识,他知道自己在机械工业上有天赋,并坚信只要努力一定可以成为一个十分出色的机械师。福特花了几年的时间去研究蒸汽机的原理,后来又投入到了汽油机的研究,他每天都废寝忘食地从事这方面的工作,不顾别人的阻挠和嘲讽,只为实现自己的人生理想。

后来,福特的创意得到了大发明家爱迪生的赏识,他被请去底特律担任工程师,在那里他学到了更多的知识,这是他人生中一次重要的转折。

经过 10 多年的研究,福特终于梦想成真,制造出了第一部汽车引擎。现在,底特律成为了世界上有名的汽车城,而福特也成了家喻户晓的汽车大王。

如果福特当初没有对自己的人生做出清晰的定位,那么也许世界上将会少了一位闻名遐迩的汽车大王，而多了一位默默无闻的农场主。

世界上找不出两片完全相同的树叶，也找不出两个完全相同的人。我们每个人都是上帝的宠儿，都有自己的独特的才能。想要发挥这独特的才能，我们就要学会透视自我，用正确的眼光看待自己的长处与短处，为自己作出最合理的定位。只有认识了自己，才能自信地去迎接挑战，为自己创造出更多的成功与快乐。

一个人只有不断认识自己，并通过批判自己而改造自己，才有可能让智慧趋于圆熟。当你认识了自己之后，会发现自己变得比从前更加自信，更加坚定，成为了有韧性、有战斗力的强者。认识自己，就好像拥有了一双智慧的眼睛，能够对生活，对人生有更加清醒的认识。

一位哲学家说过："聪明的人只要能认清自己，便什么也不会失去。"假如你还在人生的道路上彷徨，那么请记住这句话。我相信，当你真正地拥有了透视自我的眼光时，你就能够在今后的人生中谱写出精彩的篇章。

第二篇

看他人

——35 岁前要有看懂他人的独到眼光

　　一个人想在工作中做出点成绩，就不能不去了解他人。这看上去不是什么大事，但却实实在在影响着你的工作和生活。现代社会中人与人之间的交往越来越频繁，你只有看懂了他人，才能更好地待人接物，与人交往。成功的人不一定是天赋出众的人，但他们一定对他人有着很深的了解。就是因为有了看懂他人的独到眼光，他们才能在人生的路上越走越顺。

眼光4 找到帮你成功的"真命天子"

> 每个人生命中都会出现伯乐，不同的是有人发现了，有人没有发现。发现的人借助伯乐的力量平步青云，没有发现的人一辈子只能感慨自己的才能被埋没。成功，有时不仅取决于你付出了多少努力，还要看你遇到了什么样的人。

有了伯乐的扶持，你就能平步青云

影响一个人成功的因素有很多，比如天赋、努力，这些都是获得成功所必不可少的。然而，人们在追求成功的过程中，往往容易忽略一种因素，那就是人脉。有首歌唱得好：千里难寻是朋友，朋友多了路好走。一个人成功，有时很依赖伯乐的相助。也许你才华横溢，也许你胸有大志，但如果得不到施展才能的机会，你就可能一辈子被埋没。

"好风凭借力，送我上青云。"这个力是外力，即伯乐。要想获得成功，需要的不仅仅是勤奋苦干，更要善于借助外界的力量，尤其是伯乐的力量。我们每个人生命中都有"阿基米德支点"，一旦得到，便有可能超越自我，改变命运。这个支点是谁给的？其实就来自于你的伯乐。

对于一个人的成长来说，伯乐有着至关重要的作用。没有他们的赏识，你就很难从人群中脱颖而出；没有他们的引导，再聪明的人都有可能走入歧途。

在我们每个人的生命历程中，都会或多或少遇见一些伯乐，有的是他们主动对你伸出援助之手,有的则是需要你自己去争取,去培植。仔细观察你身边的人,看看哪些可以成为你的伯乐。如果你有幸发现了伯乐,那么将会对你的成功有莫大的帮助。

找个伯乐帮自己——这是雅芳CEO钟彬娴的成功之道。钟彬娴曾被《时代》杂志评选为全球最有影响力的商界领袖之一,而她也是这份榜单中唯一一位华人女性。在很多人眼中,钟彬娴的经历近似于一个传奇,而她的成功得力于生命中伯乐的相助。

钟彬娴本来是一个平平凡凡的女性,一无背景,二无后台。大学毕业后,她来到了鲁明岱百货公司,在那里做自己最喜欢的营销工作。在这家公司,钟彬娴结识了她生命中第一个伯乐——鲁明岱当时的副总裁法斯。法斯很赏识钟彬娴,在她的提拔之下,钟彬娴27岁的时候就进入了公司的最高管理层。后来,法斯跳槽去玛格林公司的时候,钟彬娴也随同而去,并且很快就在那里做到了副总裁的位置。

不久之后,钟彬娴发现自己的发展空间有限,于是又跳槽去了雅芳。凭借自己的努力,钟彬娴很快就赢得了雅芳执行总裁普雷斯的器重,而这则是她生命中的第二位伯乐。普雷斯欣赏钟彬娴,在他的破格提拔下,钟彬娴在40岁的时候就坐上了雅芳执行总裁的位置。

一个无背景、无后台的女性,能够在如此短的时间内取得这样的成绩,对她的赏识与帮助不可小视。

成功是一个不断成长的过程,在这个过程中个人的努力固然重要,但如果没有伯乐的栽培,难免会走许多的弯路和岔路。成功学中有一个著名的公式,即成功=知识+人脉。在这个公式中,知识占到的比例只有30%,人脉却有70%,人脉对于个人成功的重要性由此可见一斑。

伯乐相助对于每个想要获得成功的人来说都是至关重要的,但伯乐既不会主动贴上标签在你面前走动,也很少会有伯乐主动出现来拉人一把,有的人一

辈子坐等伯乐出现，但结果只是蹉跎一生。其实，与其坐等伯乐出现，不如主动行动，尝试着去经营自己的人脉，寻找自己生命中的伯乐。为什么有的人生命中频频出现伯乐，有的人则是对伯乐望眼欲穿，关键就在于是否拥有一双发现伯乐的眼睛。

2008 年公布的《福布斯》全球富豪榜上，美国"股神"沃伦·巴菲特凭借 6204 亿美元的个人财富成功取代了比尔·盖茨成为新的世界首富。

当人们谈论这位新的世界首富时，往往津津乐道于他选股看股的精准眼光以及对投资市场敏锐的感应力，似乎是他自身的天赋成就了其在股市上的巨大成功。

诚然，巴菲特的确拥有过人的投资天分，但仅仅凭借这些，还不足以让他成为股神。事实上，巴菲特的成功同样离不开伯乐的相助。

巴菲特早年就读于宾夕法尼亚大学，在那里攻读财务和商业管理。后来，巴菲特得知本杰明·格雷厄姆和戴维·多德两位投资大师在哥伦比亚商学院任教，当时就有心闯荡投资市场的他，果断转学来到了哥伦比亚大学，成为了"金融教父"本杰明·格雷厄姆的得意弟子。

大学毕业后，巴菲特没有立刻踏入社会，而是继续留在恩师身边学习投资。为了跟随格雷厄姆，巴菲特甚至愿意不拿一分钱的报酬。直到学习到了老师全部的投资精髓后，巴菲特才正式出道开办了自己的投资公司。至于后面的事情我想大家都知道了，因为对投资市场变化的精准把握，巴菲特无往而不利，在数十年间积累下了惊人的财富。

巴菲特的成功源自于个人的天赋和努力，但同样也离不开生命中伯乐的相助。如果不是师从格雷厄姆，那么巴菲特就不会对投资市场有清晰深刻的认识，也无法把握住市场的脉搏。也许，凭借个人的天赋巴菲特能够成为一名出色的投资者，但很可能永远都无法达到股神的境界。

个人的成功其实并不完全掌握在自己的手中，在你追求成功的过程中，会受到很多外部因素的影响和制约,而贵人就是这些外因中最重要的一种。大文学家韩愈在一千多年前疾呼:"世有伯乐,后有千里马。"伯乐是什么?从某种程度上可以理解为伯乐。当年没有遇见伯乐的韩愈官路极其坎坷,一生浮沉不定,直到老年才略有所为。是想成为韩愈,还是想成为巴菲特,完全取决于你是否有发现伯乐的眼光。

人际关系决定你的前途

俗话说,好水才能钓到好鱼,交朋友也是如此。也许你的人缘不错,身边围绕着一群朋友,但这其中必然有益友,也有损友。益友会和你分享知识和智慧,可以铸造你的人格,指点出你的错误,帮助你改正缺点。损友则会把自身的坏毛病都传染给你,让你变得越来越差,与成功背道而驰。近朱者赤,一个贵人可以影响并改变你的一生;近墨者黑,一个损友可能毁掉你原本一片光明的前程。

35岁之前,你迫切需要提高的是自己阅人识人的眼光,知道哪些朋友应该交,哪些朋友不该交。提高交朋友的质量,多结识几个良师益友,就相当于为你的成功增加了一枚助燃器。

物以类聚,人以群分,大多数人都喜欢结交和自己相类似的人,认为这样的人比较容易相处。同时,在与这样的人的交往过程中,他们也会慢慢变成同样的人。所以,看一个人交什么朋友,大概就知道这个人是什么样子。所谓近朱者赤,近墨者黑,说的就是这个事情。

交朋友,就要去找那些比自己更加优秀的人,从他们身上学习宝贵的经验。如果你总是结交和自己一样水平的人,那么就跳不出这个小圈子,永远都难以获得提高。相反地,如果你结交和自己不一样的人,尤其是那些比你优秀的人,你就能发现他们的优点,弥补自己的不足,让自己获得长足的进步。

通用电气前总裁杰克·韦尔奇认为,他成功的一个重要原因就在于自己在

工作生涯中结识了很多良师益友。他在自传中如此写道："贵人似乎总会出现在我的生命中,支持我,鼓励我,提携我。"

韦尔奇刚来到通用的时候,也是个脾气火爆的年轻人,他曾经因为加薪问题和公司产生矛盾,并且向上司递出了辞呈。可幸的是,当时韦尔奇的上司鲁本·费多福是个通情达理的人,他很欣赏韦尔奇,不想放走这个年轻人。为了宽慰韦尔奇,费多福主动邀请他共进晚餐,在席间诚恳地劝他留下来。费多福不仅同意了韦尔奇的加薪要求,同时还愿意给予他最大的自由,确保他不受公司僵硬体制的影响。费多福的心意让韦尔奇颇受感动,最终选择继续留在通用电气。

韦尔奇在通用遇到的第二个伯乐是他在产品事业部工作时的上司查理·李德。有一次,韦尔奇在进行化学实验的时候,不小心弄错了原料,差点炸掉整栋大楼。事后,当韦尔奇把这起事故原原本本向李德汇报后,化工专家出身的李德并没有责备韦尔奇,反倒百般对他宽慰,帮助他减轻心理负担。韦尔奇在通用的前途没有因为这件事而受到丝毫的影响,他也从这位上司那里学到了领导者应该具备的风范。

通用电气前副董事长赫姆·魏斯,同样算是韦尔奇成功道路上的一位关键人物。身为领导者,魏斯却没有丝毫的架子,经常与韦尔奇促膝长谈,帮助他解决工作和生活上的一些问题。每当韦尔奇有困惑的时候,第一个求助的肯定是魏斯,而从这位朋友那里他总是能够得到诚恳的建议。在去世前,魏斯向当时的董事长瑞吉纳·琼斯强烈推荐韦尔奇,称赞他是"通用电气公司中最有前途的人"。正是得益于魏斯的大力举荐,韦尔奇才成功登上了通用电气总裁的宝座。

每当回忆起往事的时候,韦尔奇总是发出这样的感慨:"如果没有生命中的那些良师益友的鼎力相助,也许杰克·韦尔奇这个家伙直到现在依然默默无闻。"

韦尔奇的经历告诉我们,人际关系不仅要扩大自己的关系网,更要提高自己的交友质量。从某种角度来说，人脉质量决定了一个人的发展前途。经常和优秀的人一起工作，耳濡目染之下会学到他们身上很多的优点，同时也会被他们积极的情绪所感染，让自己也变得干劲十足。

不仅仅是那些比你优秀的人可以成为你的朋友，和你能够完美互补的人，同样应该成为你的重点关注对象。这些人虽然可能只有某方面比你优秀，但却很有可能成为你最好的朋友、最好的伙伴，从而壮大你的人际关系网。

在香港商业史上，李兆基、郭得胜、冯景禧是梦幻般的"三人组"。

3个人可以说各有各的长处，李兆基年纪小，但却最有商业头脑；郭得胜年纪最大，所以做事很老练，遇到再大的麻烦也能镇定自若；冯景禧居中，精通财务，擅长证券交易。公司成立后，3个人各自负责自己擅长的那一块，没事的时候还经常一起交流心得，很快公司就取得了不错的发展。

为了早日在香港商界打出名气，3个人开始互相监督，确保其他人能够为公司付出最大的努力。在这样的互相激励下，3个人各自的水平都得到了长足的提高，公司也渐渐走入了正轨。不久之后，永兴企业公司就成为了香港较有名气的房产公司，而3个人也被人们称作是香港商界的"三剑侠"。

李兆基、郭得胜、冯景禧3个人各有不同的优点，在一起合作期间，他们每个人都获得了很大的提高。可以说，这三人组中任意一个人，对于其他人来说都是那种能够帮助自己提高和进步的益友。

有这样一句话："和狼生活在一起，你学会的只有嗥叫；和那些优秀的人接触，你则会受到良好的影响。"如果你从前不知道选择性地结交朋友，那么就从现在开始整理一下你的人际关系吧。

多认识一些不同圈子中的朋友

35 岁前,一个人如果想在社会上生存,需要丰富的人脉资源。然而,获取人脉资源并不是一件轻而易举的事。我们每个人都有各自生活的环境,而我们结识的朋友大多都来源于这个环境,比如我们的同事、同学以及亲属。对于那些在我们所处环境之外的人,一般说来罕有机会去认识。打个比方,一名工人和一个画家,如果不是出现特殊情况,很难产生人生的交集。

环境的局限性每个人都会有,这就把我们限制在了一个小圈子中,很难去结交那些处于自身环境之外的人。如何解决这个问题呢?答案其实很简单,想要拓展自己的人际关系,就要去认识一些不同圈子中的朋友,通过他们所处的圈子去结识更多的人。

这里所说的圈子,指的就是为了某种兴趣或爱好而联系起来的人群。总体说来,圈子有如下几个特点:

第一,圈子中人一般都有相近或爱好的话题,大家都比较谈得来,也很容易找到志同道合的朋友。如果你加入了一个书友群,可以在这里探讨自己喜欢的书籍;如果你加入一个影迷群,可以讨论最爱的电影。总之,圈子里从来都不会缺少话题。

第二,圈子中充斥了三教九流各行各业的人,在圈子中你可以认识到很多以前根本没有机会认识的人。一个球迷圈子里可能有工人、老师,还可能有企业的老板。各种不同身份的人,因为共同的爱好聚在了一起。

第三,圈子是一张人际关系的大网,通过这个关系网你可能进入到别的关系网。譬如,你结识了一个圈子中的朋友,会因此而得到一批志同道合的朋友;而通过这些朋友,你又可能加入一个新的圈子,结识一些新的朋友。

加入圈子,无疑能够极大地丰富自己的人脉资源,所以在我们日常的人际交往中,不仅要擅长结识朋友,更要擅长结识不同圈子中的朋友。认识了这样的人,你就相当于认识了他们背后圈子中的一群人,这对于那些发愁找不到人脉的人来说可是一个宝贵的机会。

通过结识不同圈子中的朋友来拓展人脉,类似于数学中的乘方计算,以这样的方式来建立人脉,速度是相当惊人的。

莫泊桑成名之前只是政府中的一个小职员,他爱好写作,但却没有经过系统的文学训练,这一度让他感到十分苦恼。

后来,莫泊桑通过一个很偶然的机会结识了大作家福楼拜,并且开始在他的指导之下练习写作。福楼拜当时在法国已经享有盛名,经常会有一些文学界的朋友来他家中聚会,其中就包括了俄国小说家屠格涅夫、法国作家都德和左拉。在这些作家聚会的时候,福楼拜把莫泊桑介绍给了他们,之后,他们几个经常聚在一起探讨文学。

经常和这些有名的作家一起交流心得,使得莫泊桑的写作水平得到了突飞猛进的提高,很快他就能写出一些精彩的短篇小说。后来,莫泊桑又通过这些作家结识了阿莱克西、瑟阿尔和于斯曼,他们几个经常在左拉坐落于巴黎郊区的梅塘聚会,这个圈子后来被人们称为梅塘集团。

1880 年,梅塘集团 6 位作家以普法战争为题材的合集《梅塘之夜》问世,其中最出名的就是莫泊桑的《羊脂球》。这部中篇小说的成功,让莫泊桑的名字一夜之间传遍了法国文坛。

想要扩大自己的视野,丰富自己的人脉,就要想方设法找到属于自己的圈子。莫泊桑从一个名不见经传的小职员摇身而变成为法国文学的代表人物,主要是因为当初结识了福楼拜这个圈子中的朋友,是福楼拜一手把他带入了作家的圈子之中,让他在这里认识了更多志同道合的朋友。

结交朋友,带圈子和不带圈子有着不一样的附加价值。在人脉网中,朋友的介绍相当于信用担保,朋友要把你介绍给其他人,就意味着为你做出了担保。基

于这一原因,你可以请你的朋友多为你介绍一些属于他们圈子之中的朋友。

很多在事业上有所成就的人,都有着自己寻找圈子、构建圈子的独特方法。归纳起来,无外乎有以下几种途径:

1.从身边人开始着手

结识的朋友,应该从身边的亲人开始,然后再慢慢延伸到老师、同学、朋友、同事,最后再去尝试进入那些更大更高端的圈子。因为熟悉和了解,身边的人脉圈子是最容易进入的,往往也是最牢固可靠的圈子。

2.结交关键和重要的人物

西方有这样一条格言:"重要的不仅在于你懂得什么,还在于你认识谁。"构建有用的人脉资源库,就要积极去结识那些关键和重要的人物,你要学会从各种渠道下手,而不仅仅局限于你经常接触的圈子。

3.对陌生人保持开放的心态

每个人都渴望着获得来自外部的帮助,尤其是在拼尽全力依然难以取得成功的情况下。结识陌生人,不仅有了将其纳入自己圈子的可能,也有了打入其圈子中的可能。因此,在我们与陌生人交往的过程中,要自始至终保持开放的心态,主动去交流、了解,这其实就是我们人际交往的能力。

人一定不能自我封闭,而是要尽可能多地去结识一些不同圈子中的朋友,这是你拓展人脉的大好机会。在圈子中,你会得到新的朋友,获取新的人脉资源,从而收获意想不到的结果。

眼光5　审视友谊，朋友一生一起走

友谊，是世间一种珍贵的情感，比鲜花更芬芳，比佳酿更醇香。有了知心的朋友，你会发现人生的道路越走越顺，越走越宽。而如果你不幸交上了损友，阴霾很快就会如影而至。所以，想要交到好朋友，你要具备审视友谊的眼光。

人，不能没有朋友

"朋友一生一起走，那些日子不再有，一句话一辈子，一声情一杯酒"，周华健的一曲《朋友》唱出了朋友的心声，也唱出了朋友在人的一生中不可取代的位置。

什么是朋友？朋友就是了解你、爱护你的人。当你快乐时，朋友会因你的快乐而感到快乐；当你悲伤时，朋友会始终站在身边支持和鼓励你。世界上最美好的事情，莫过于拥有几个志同道合、可以荣辱与共的朋友。德国的卡西尔说："没有朋友的人，只能算是半个人。"一位诗人认为："损失一个朋友就相当于损失一个肌体，时间能够让这种痛苦减除，但失去的却永远不能再弥补。"

在这个越来越功利的时代里，太多的东西都已经染上了金钱的铜臭，唯有友情能让人们发自内心地感动。拥有了友情，你不仅可以在失意时找到一个人去倾诉，在得意时有一个可以分享快乐的人。更重要的是，朋友会让你意识到自身存在的重要性，因为他们欣赏你、了解你，而且会矢志不移地支持你。

大音乐家贝多芬和舒伯特的友谊被世人传为千古佳话，两人都生活在维也

纳市,虽然一生中只见过几次面,但彼此都把对方视为了生命中最重要的朋友。

在贝多芬成为维也纳古典乐派的代表人物,事业正处于巅峰之时,舒伯特只不过是一个无名小卒,没有多少人听说过他的名字。舒伯特很欣赏贝多芬的音乐,但一直没有鼓起勇气去拜访他,一来舒伯特知道贝多芬性格孤僻,二来两个人地位相差过于悬殊。

直到后来,在一位出版商的盛情邀请下,舒伯特才带着一册自己得意的作品去登门拜访。不巧的是,当时贝多芬恰好有事外出,舒伯特只好留下作品,怅然而回。

没过多久,贝多芬染上了严重的疾病。朋友为了调解他的寂寞,从桌上随手拿起一册书放在他的床边,供他无聊时翻阅,这册书便是舒伯特留下的作品集。才看了这本作品集几眼,贝多芬就被其中的内容深深迷住了,他兴奋地叫道:"这里有神圣的闪光!这是谁做的?"朋友告诉了他舒伯特的名字,贝多芬赞不绝口。

从此,一段伟大的友谊诞生了,贝多芬和舒伯特成为了音乐上的知己。在此后的一段时间里,两人几次坐在一起促膝长谈,交流音乐创作上的心得,同时也互相勉励,共同前进。

然而好景不长,贝多芬的病情突然恶化,没过多久已是病入膏肓。弥留之际,贝多芬托人找来了舒伯特,对他动情地说道:"我的灵魂是属于舒伯特的!"说完后便与世长辞了。

贝多芬去世后,舒伯特失去了一生中最重要的知音,从此之后,没有人能够再听懂他的音乐,也没有人像贝多芬那样尊重和了解他,这让舒伯特陷入到了长久的悲痛之中。有一次,他和几个朋友在酒店饮酒,一个朋友举杯提议:"为席上的先逝者干杯!"舒伯特应声而起,在朋友惊讶的眼光中举起了酒杯,一饮而尽。

18 个月后,仿佛是应验了这可悲的谶语,舒伯特也染上重病,溘然离世。临终的时候,舒伯特留下了自己最后的愿望:"请将我葬在贝多芬的旁边!"人们遵从了舒伯特的遗愿,将他和贝多芬葬在一处,并在维也纳的广场上为他们铸起了并立的雕像,以纪念这段伟大而真挚的友谊。

朋友,是你生命中最重要的知己,在这个世界上唯有他们最了解你。有了朋友的存在,你就不会再感到孤单,即使全世界都不认可你,你也能够从朋友那里得到支持和鼓励。舒伯特一生落魄,他的音乐才华一直不被人们赏识,如果没有贝多芬的肯定,舒伯特或许终其一生都会郁郁寡欢。能够与贝多芬结识,可以说是舒伯特一生之大幸,正是贝多芬的赏识和鼓励,让他重新燃起了创作的勇气,从而为后世留下了一系列旋律动人的名曲。

与朋友交往,我们不仅能够从他们那里得到信任和支持,也能够通过他们更加深入全面地了解自己。人们常常认为对自己很了解,其实他们眼中"真正的自己"无非只是"有意识的自我"和"行动的自我",而这些仅仅只是自我的一部分而已。

朋友对你来说是一面镜子,想要全面地看清自己,就要拿自己和周围的朋友作比较,或者在与朋友的交往中了解自己。人有时候需要经过多次规劝才能具有自知之明,而在这一过程中,朋友无疑会起到至关重要的作用。

王老胸怀博大,喜欢结交各种各样的朋友。青年时期,他和公司的一些同事一起创立了兴趣小组,由此结交了一批志同道合的朋友。进入公司高层后,一批亲密的朋友一直陪伴在他的身边。

为什么王老这么喜欢交朋友呢?因为他知道"以友为鉴,可以正衣冠"的道理。通过结交朋友,他认清了自我,对自己的长处和短处都了然于胸。在和这些朋友的交往过程中,王老不断改正自身的不足,学习别人的优秀之处。

后来,在朋友的帮助之下,他终于成长为了公司的第一总裁。

友情,是一种纯洁而美好的感情,也是一种幸福和温暖的力量,它产生于共同学习、工作和生活之中,是在利益一致和相互依恋的基础上建立起来的相互信任、相互尊重、相互关心、相互帮助的关系。

朋友在我们每个人的一生中都占据了重要的位置,有了朋友,你才能克服艰难险阻,快速成长;有了朋友,你才不会失去生活的勇气,始终勇往直前。

损友会害了你

《论语·季氏》有云:"益者三友,损者三友。友直、友谅、友多闻,益矣;友便辟,友善柔,友便佞,损矣。"

这句话的意思是说:"益友有三种类型,损友也有三种类型。结交诚实、正直、知识渊博的朋友是有益的;而结交谄媚、阳奉阴违、花言巧语的人则是有害的。"

在现实生活中,损友的类型其实还有很多,远远不止这么几种。不过有一点可以肯定的是,无论是哪一种类型的损友,只要你与他们有了交往,都会给你带来严重的负面影响。很多损友从表面看来十分迷人,但其实却是一剂药性强烈的毒药,他们会在潜移默化间对你施加不利的影响,毁掉你原本充满光明的前途。

有个著名的雕刻家说过,雕刻就是把不需要的部分去掉的一种艺术。这句话不仅适用于艺术,同样也适用于人生。交朋友的过程,其实就是一个阅人识人的过程。在 35 岁之前,你不仅要善于交朋友,更要培养自己阅人识人的眼光,分辨哪些朋友是该交的,哪些朋友是不该交的。雕刻的时候如果留下了多余的部分,雕塑的美感会大大降低;同样,交友的过程中不小心认识了损友,也会严重制约你的发展。

选择什么样的人做朋友,很大程度上决定了你今后人生的发展前景。因此,在选择朋友的时候,你一定要慎之再慎,切不可过于草率。和正直善良的人交朋友,你会常常得到来自他们的帮助,并且会从他们身上学到一些有益的东西;而与损友做朋友,终日的耳濡目染之下,你很难不受到他们的影响染上恶习,毕竟不是每个人都能做出淤泥而不染的莲花。

著名作家克雷洛夫说:"选择朋友一定要谨慎!也许他们会戴上友谊的假面具,设好陷阱来坑害你。"这句话并不是危言耸听,一旦你交上了损友,就很有可能亲手葬送自己的前程。

王小利就职于一家IT企业,本来他是一个工作积极认真,很有责任心的人。来到这家公司以后,王小利连续好几年都被评为模范员工,经常受到领导的表扬。

如果按照这种情况发展下去,王小利迟早有一天会得到升迁的机会,但可惜的是,这一切在钱飞来了之后就发生了翻天覆地的变化。钱飞是王小利的大学同学,两个人在大学时期关系十分密切,后来阴差阳错钱飞也来到了这家公司。平心而论,钱飞是一个很有能力的员工,但有个很大的毛病是自由散漫。来到这家公司后,钱飞并没有一心扑在工作上,而是在岗位上耗时间,每天上班不过是混混日子。

目睹好友这种情况,王小利私下里还特意找钱飞谈了几次,劝他摆正工作的态度。没想到,钱飞不但不听,还给王小利讲了一堆大道理,说什么打工仔就是打工仔,累死累活也就是赚这么点钱,还不如图个清闲自在。

起初王小利很反感这种言论,但久而久之他的想法发生了变化。王小利来到这家公司已经好几年了,业务水平进步很快,却迟迟没有得到晋升的机会,还拿着一份说高不高、说低不低的薪水。之前他没怎么想过这件事,但受到钱飞的影响后开始有了些情绪,做事明显没有以前积极了。屋漏偏逢连夜雨,年底评选的时候,连续几年被评为优秀员工的王小利又不幸落选,这对他造成了很大的打击。从那以后,王小利的工作态度越来越消极,工作中马马虎虎经常出错,为此没少挨领导的批评。

其实王小利并不知道,他这几年的表现一直被上司看在眼里,记在心里。本来上司想再观察一段时间就对他委以重用,没想到王小利自己打了退堂鼓,升

迁一事自然也就不了了之了。

没过多久，公司进行大裁员，一向表现不佳的钱飞和王小利都被扫地出门，这对难兄难弟不得不重新开始找工作。

益友帮助你成长，让你不断取得进步；损友则制约你的发展，拖累你前进的步伐。王小利本来是一个前途无量的年轻人，但因为不小心认识了损友，导致几年的努力都付之东流，这不得不让人为之扼腕叹息。

在生活中，有很多人在主观意识里能划清益友和损友的界限，也知道交上损友所带来的危害，但是一遇到那些看上去"很美好"的益友，往往就把持不住自己。尤其是在他们掌管了一定的权力之后，这方面的审视能力和判断力就比从前更差了。

齐桓公，名小白，是齐僖公的第三个儿子。在齐僖公的长子和侄子相继死于战乱后，小白与公子纠争夺皇位成功，继位为王。

齐桓公当政之初，贤明通达，结交了管仲和鲍叔牙两个好朋友。管仲和鲍叔牙都是很有才能的人，品德也十分高尚。在他们的共同辅佐之下，齐国国富兵强，仓廪充实，一度称霸于春秋诸国。

然而，在管仲去世后，齐桓公开始宠信奸佞小人，结交了易牙、开方、竖刁等几个损友。这三个人别的本事没有，溜须拍马的功夫倒是一流，并借此赢得了齐桓公的欢心。老年的齐桓公头脑发昏，竟然把这几个人引为知己，后来更是把国家大事全权交给了他们。

桓公四十三年，易牙、开方、竖刁三个人发动了宫廷政变，将桓公幽闭在深宫之中活活饿死，尸体整整在床上放了 67 天才被入殓。齐桓公结交损友，不仅害了自己的性命，也让本来安定的齐国一度陷入了混乱之中。

齐桓公一代霸主，当然很清楚什么样的人是益友，什么样的人是损友。然而，即使以前英明如此，最后他还是忍不住去亲近那些损友，因为这些损友看上去要比一本正经的益友有趣得多。最终，曾经称王称霸的齐桓公毁在了几个损友手上，他的故事也再次向我们阐明了一个道理——损友交不得。

在我们结交朋友的时候，首先应该衡量对方是益友还是损友，即交往的朋友会对我们有益还是有害，如果发现对方不是什么善类，那么就应该果断远离这种人。损友一般都有他们讨人喜欢的一面，比如会对你奉承赞美，不会说你的坏话。在你没有栽跟头之前，损友总是让人高兴的。而益友虽然很多时候出发点是好的，但经常指人过错难免会让人难受，只有时间长了你才知道益友的好处。由此看来，把握损益并不是一件容易的事，这需要一个理性的头脑，一双明智的眼睛。

交朋友固然很重要，但更重要的是要交对朋友。如果你没有发现可以帮助你的益友，也不要强求自己去认识更多的朋友，因为一个损友的破坏力远比一个益友对你的助力更大。交友过滥的人，难免身边会有几个损友，而一旦交上了这样的朋友，也就只能有苦难言了。

结交真正的朋友

人之相识，贵在相知；人之相知，贵在知心。朋友之间如何做到相知、知心？最重要的就是要彼此以诚相待。鲁迅先生说过，友谊是两颗心真诚相待，而不是一颗心对另一颗心的敲打。马克思也认为，奉承得不到友谊，友谊只能用忠诚去巩固。

人生需要真正的友谊，而不是纯粹建立在金钱和利益之上的虚假友谊，这种友谊不仅短命，也经不起现实中风浪的敲打。大难临头各自飞的朋友，永远不会成为你真正的朋友，真正的朋友会一直守护在你的身边，即便会因此遭遇再多的风吹和雨打。

公元前4世纪，意大利有一个叫皮斯阿司的小伙子得罪了当权的暴君狄奥尼索司，被判处绞刑。皮斯阿司是个孝子，在行刑之前他只有一个愿望，那就

是回家与老父老母作最后的告别，但这个小小的请求却一直没有得到应允。就在这时，皮斯阿司的朋友达蒙站了出来，他对暴君说愿意为皮斯阿司做担保，如果皮斯阿司没有如期赶回，那么就把他带上绞刑架。经过达蒙的再三恳求，最后暴君勉强同意了这个请求。

皮斯阿司收拾行囊赶往家乡，但这一去就杳无音讯。眼看行刑之期临近，皮斯阿司却还没有赶回来。身边的人都嘲笑达蒙，认为他不应该傻到用生命来为友情做担保。当达蒙被带上绞刑架时，所有人都等着看这悲剧的一幕。然而，这时皮斯阿司突然从远方出现，他在暴雨中奔跑，对着绞刑台上的朋友高喊："我回来了。"继而眼含热泪与达蒙做最后的告别。现场的人目睹这一感人的情景无不悄悄拭泪，就连一向冷血的暴君都动了恻隐之心，破例释放了皮斯阿司。

这种能够为友情赌上性命的朋友才是真正的朋友，但生活中能够用灾难甚至生死来考验的友情毕竟少之又少。大多数时候，我们是从生活中的一点一滴来体会这种真正的友情：一个普通的朋友会带上礼品来参加你的派对，一个真正的朋友会主动帮助你一起准备派对；一个普通的朋友讨厌你在很晚的时候打电话过来，一个真正的朋友会问你为什么现在才打电话来；一个普通的朋友总是找你来谈论他的困扰，一个真正的朋友会帮助你解决困扰……

每个人不管自觉不自觉，总是会根据一定的标准来选择朋友。历史上进步的思想家告诉我们，结交朋友切不可把财、利、色、权、势作为标准。以财交者，财尽而交绝；以利交者，利穷则散；以色交者，华落而爱渝；以权力交者，权力尽而交疏；以势交者，势倾则绝。真正的友情应该是不掺杂任何利益元素的，如果以利益为出发点来交朋友，必然得不到真正的友情。

近代知名学者王国维是一位天赋出众的大才子，他博闻强记，聪敏过人，在甲骨文研究上有很深的造诣。王国维与罗振玉因甲骨文而相识，并结为朋友，后又成了儿女亲家。王家贫穷，罗振玉在经济上常常接济王国维，但他并不是出于什么好心，只不过是把王国维当做一台赚钱的机器。罗振玉大量收进甲骨，让王国维来进行考释，但发表文章的署名却都用罗的名字，这让他赚了一大笔钱。王国维对这些事也知道一些，却依然把罗振玉当做朋友。后来，王国维在经济上出了一些问题，四处借债无门，无奈之下于壮年投湖自尽。这都是交友不慎害了他。

鲁迅和王国维是同一时期的人，但他们的境遇却大不相同，这都是得益于鲁迅交友的慎重。鲁迅早年师从于著名学者章太炎，后与蔡元培结下了深厚的友谊，而且同许寿裳等学者、作家也保持密切的联系。除此之外，鲁迅还热心于结交革命青年，特别是像瞿秋白、冯雪峰这样的高风亮节之士。鲁迅交友虽多，但却并不滥交，如果他觉得一个人不是对他以诚相待，那么即使那个人有再高的名位权势，鲁迅都懒得看上一眼。

郭沫若曾指出："王国维的人生悲剧很大程度上是朋友造成的，而鲁迅能够始终前进，一直站在时代的前头，也离不开朋友的帮助。"由此可见，出于不同目的而结交朋友，结果是很不相同的。如果你的朋友纯粹是因为欣赏你而和你交往，那么这种友情是万古长青的，经得起任何考验；如果你的朋友对你的友谊掺杂了利益的因素，那么这种友谊便不是真正的友谊。

交友重在交心，只有真诚善良的人，才可能成为你真正的朋友。如果你想交到真正的朋友，就不应该仅仅从外表上去认识一个人，而应该去认识他的内心。

有一首脍炙人口的歌曲《朋友》里面唱道："朋友啊朋友，如果你正享受幸福，请你忘记我；如果你正承受不幸，请你告诉我。"这首歌为我们唱出了朋友的真谛，真正的朋友就是那种愿意与你共患难，但却不求与你共享福禄的人。

35 岁之前，你真的有必要好好审视一下自己的友谊，看看你的身边是不是有能够和你一起同甘共苦的朋友。如果你没有发现，那么就应该努力去寻找这样的朋友；如果你已经拥有，那么恭喜你，你已经得到了世间最宝贵的一笔财富。

眼光 6　认准老板, 跟对人才能做对事

你的一生能够达到什么高度, 有时要取决于你跟着什么样的人做事。如果你跟着一位好老板做事, 就能够从他的身上学到很多有用的东西, 这些东西会让你在日后受益匪浅。如果你跟着坏老板做事, 往往付出了很多, 却收不到任何回报。

好老板是你的伯乐

如今社会上流行这样一句话:坏学校误人子弟, 坏老板误人前程。仔细想来, 这话确实有一定的道理。对于很多年轻人来说, 找到一份工作并非难事, 但是找到一位好老板却是可遇而不可求的。如果我们一不小心选错了老板, 明珠暗投, 那么很可能就会因此倒霉一段时间。所以, 我们不仅需要找到一份好工作, 更重要的是找到一位好老板。

每个人的前程都需要靠自己的双手去打拼, 这是毋庸置疑的。但是, 在个人奋斗的同时, 我们同样也不该忘记老板对个人发展的重要作用。

事实上, 你的职业前景是光辉璀璨还是暗淡无光, 很大程度上都取决于你有什么样的老板。一位知人善用的好老板, 懂得如何发掘你身上的潜力, 并且会为你提出一些宝贵的建议, 帮助你快速成长;而一位昏庸无能的坏老板, 则不知道欣赏你的才能, 总是让你做着自己不喜欢的事, 最终导致你丧失前进的动力。

张路很小的时候父母就去世了,在亲戚的支持下,他勉强读完了职业高中,之后就来到一家贸易公司工作。

这家公司主要经营的是手工艺品外销,有着不小的规模。刚来到这里的时候,张路只不过是一名基层的采购员,每当外商发来订单,他就负责去寻找供应的厂商。接触这项工作后,张路才发现自己懂得实在是太少了,学校里的那些知识完全就派不上用场,一切都需要从头学起。就拿采购产品来说吧,哪些是优质品,哪些是劣质品,这里面就有很大的学问。有不少产品张路认为很不错,可拿到老板面前一看,一下子就挑出一堆毛病。

有一次,张路看中了一种造型新颖、颜色鲜艳的手工编织包,认为这款产品肯定会受欢迎,于是就拿回样品给老板看。没想到,老板只看了一眼就把它丢到了一边,对张路说:"这是个次品,编制的材料都是劣质的,真正的优质产品色泽会比较柔和。"听了老板的耐心解释后,张路才恍然大悟,发现自己完全是个门外汉。

从那以后,张路就下定决心要努力提高业务水平。他开始跟着老板学东西,有不懂的地方就去讨教,而老板也很乐于帮他解答疑惑。除了学习业务知识,张路还在老板的鼓励下报了英语的补习班,努力学习外语,因为贸易商经常要和外商打交道,如果不懂外语,在这一行里很难出人头地。

一年之后,张路的业务水平和外语水平都有了显著的提高,很快就成为了公司里的业务骨干。老板很喜欢这个好学的年轻人,认为他是个可造之材,于是便有心栽培他。为了进一步磨炼张路,老板规定以后他汇报工作的时候只能用英语,不能用中文。和客户谈生意的时候,老板也会把张路带在身边,让他熟悉谈生意的方式。

在老板的悉心培养下,张路迅速地成长起来,很快便能够独当一面了。不久之后,这家公司在外地新开了一家分公司,张路被委任为这家新公司的总经理。

通过张路的例子,我们能够看出一位好老板对提升事业的重要作用。在个

人成长的道路上，仅凭个人的努力是远远不够的，只有找到一位好老板，才能迅速地成长起来。

好老板就是你事业上的伯乐，有了他们的帮助你才能快速成长。如果你遇到了一位好老板，一定要好好珍惜，因为这样的机会并不是每个人都有的，也许你的整个一生中都遇不到几个好老板。当你埋怨好老板开的薪水不高，待遇太差的时候，不妨去想一想，是一份暂时的薪水重要，还是整个职业生涯的发展更重要。

冯萱是一名财务会计，原来在一家合资企业上班。当时的老板虽然不懂财务，但是却很重视这方面，对冯萱也比较器重。可是，由于这家企业尚处于起步阶段，薪酬水平比较低，所以冯萱只做了一年就辞职了。

后来，冯萱来到了一家私营企业，这里的办公环境很好，薪水也比之前高了不少。公司原来的会计主管是老板娘，因为生孩子正在休产假，冯萱算是代她完成工作。这家公司里一共没几个会计，而且财务状况又比较复杂，所以冯萱一天到晚都忙得团团转，连起草个内部报销制度的时间都没有。

冯萱一天到晚都泡在账里，有时候累得腰都直不起来。苦点累点也就罢了，但在公司里还没人重视她的工作，干得再好也换不来老板的一句表扬。因为冯萱做账比较仔细，容不得半点马虎，所以得罪了公司里的一些人。这些人看不惯冯萱，经常在老板那里打小报告。冯萱感到很委屈，为此特意找老板去谈话，却没想到事后被老板认为是小家子气，这让她有一肚子苦水没地方倒。

冯萱本想换个工作，但当时正好赶上了金融危机，工作也不是那么好找，只好勉强自己继续干下去。现在的冯萱满肚子牢骚，埋怨这家公司的老板，又对以前的好老板念念不忘，常常后悔自己当初鬼迷心窍为了一点薪水而换了老板。

冯萱所遇到的情况，在职场之中实在是太过平常了。很多人都曾经像冯萱一样为了更高的薪水跳槽，后来才发现这些都不重要，老板才是最重要的，但是已经为此浪费了很多时间，而且失去的好老板也很难再去找回。

一个好老板是人生成功的助推器，对你的职业发展起到了至关重要的作用。找到了好老板，你就可以近距离学习他们成功的经验，快速提升自己。如果你赢得了老板的赏识，还可以借助他们的关系轻易进入成功人士的人脉圈里，短时间内借助外力登上更高的平台。35 岁的年轻人如果想快速晋升和获得成功，寻找一位好老板不失为是一个好的办法。

好老板不像你想的那样

每个人都渴望遇见一个好老板，谁都希望自己的老板是"善人型"，而不是周扒皮那种"恶人型"。可是，多数情况下人们的愿望会事与愿违。

于是，他们受不了老板的批评，私下里嘲笑老板的吝啬，怨恨老板不给自己发展的机会。在他们眼中，世界上多数老板都被归入到了"坏"的行列之中，真正能够称得上好老板的简直是凤毛麟角。然而，这些人应该记住一句话——职场永远都是合理的，不合理的只有我们的心态。

什么样的老板才能称得上是好老板呢？有人认为给自己发高薪的是好老板，也有人认为管理宽松的是好老板，还有人认为和员工称兄道弟，平易近人的才是好老板……

事实上，这些人对好老板的定义都是错误的，真正的好老板并不是我们想象中的慈善家或者好好先生，而是能够知人善用，充分挖掘你身上潜力，引领你共同进步的领导者，这才是你在职场之中需要寻找的伯乐。

试想一下，如果一个老板不缺你工资，不少你奖金，但就是不让你做最擅长的事，不给你表现的机会，就让你一直做些没有技术含量的垃圾活，这样的老板能算是好老板吗？在这样的老板手下工作，即使你工作了 5 年、10 年，甚至是 15 年，你能有什么大的进步吗？

郝连军大学毕业后来到了一家商贸公司工作，在这里一做就是两年多。后

来，他因为工作上的突出表现而升任为销售部门的主管。这份工作薪酬不错，福利待遇又高，是很多人都梦寐以求的工作。然而，郝连军却有点身在福中不知福，他从来都没觉得在这里工作有哪里好。

郝连军的老板是个工作狂人，平日里经常加班加点地工作，一门心思扑在公司上。他不仅对自己严格要求，同时也希望下属员工能和他一样对工作充满热情，他最看不起的就是那些在工作中放松偷懒的员工。

有这样一个干劲十足的老板做榜样，公司中大多数员工都能够积极地投入到工作之中，但郝连军却做不到。他是一个天性比较散漫的人，认为只要做好自己的本职工作就可以了，没有必要在工作上太过拼命。平心而论，郝连军的业务能力很强，老板也十分器重他，但因为他一直都不是很努力，所以进步非常缓慢。为了这个事，老板平日里没少敲打他，但他根本就听不进去。

郝连军没有理解老板的苦心，总是觉得在这家公司工作压力太大。没过多久，朋友给郝连军介绍了一份工作，他想都没想就跳槽了。

几年后，郝连军和当初的一位同事见面，这位同事当年还是他手下的员工，现在已经坐上了公司销售总监的位置。而郝连军从那家公司出来后一直都没什么大的突破，至今还只是个普通的小职员。直到此时，郝连军才后悔当初不应该离那个好老板而去。

郝连军在大学毕业后遇到的第一个老板就是好老板，这本来是他的幸运，但遗憾的是他却不知道珍惜，仅仅因为感觉工作压力大就离职而去，从而失去了人生中重要的一次机遇。之所以会出现这种遗憾的事，关键就在于他对好老板的定位不准，没有意识到什么样的老板才是好老板。

事实上，职场生活中的那些好老板，往往看起来都不是那么的"美"，甚至还有一点点的"残酷"。微软前任总裁比尔·盖茨经常对着公司中完不成任务的员工爆粗口，刻薄地挖苦那些不能迅速领会他意图的人；杰克·韦尔奇更是有个听起来令人胆战心寒的绰号"中子弹杰克"。

按照某些人的理解，这样的老板应该算是坏得透顶的老板，但实际的情况却是，他们所领导的企业都是高执行力、高绩效的大企业，有无数人为了进入他们的企业而争得头破血流，而那些有幸进入了这些企业的人，在里面获得了长足的进步，仿佛有了脱胎换骨般的变化。

看看这些"坏"老板，为什么他们有如此之大的魔力呢？诚然，从表面上看他们是十足的恶人，他们刚愎专制，不近人情，但是从更深的层次上来看，他们却是一些不折不扣的好老板。在这种老板手下工作，你会时刻感受到他们的激情，全身都充满干劲，充满动力。正所谓生于忧患，死于安乐，如果你不时刻保持高度的紧张性，只想轻轻松松地工作和生活，又怎么能在竞争激烈的职场之中脱颖而出呢？

身在职场之中，仅有能力而没有眼力是不行的。即使你能力再强，如果没有一位好老板提携你，培养你，你的进步也会非常缓慢。所以，从现在开始抛弃你对老板的偏见，好好审视一下你的老板是不是真正的好老板。你需要知道的是，跟对好老板，才能与成功越来越接近。

离真正的坏老板远一点

世界上有好老板，就一定会有坏老板。好老板能帮助你快速成长，坏老板则会严重制约你的发展。所以，如果你在职场中遇见了那些真正的坏老板，一定要远远地避开，因为坏老板的破坏力极大，甚至有可能毁掉你的整个职业生涯。

公司想要快速发展，就少不了一个好老板，正如那句话说的——火车开得好，全靠车头带。如果连车头都是个废品，那么火车根本就开不快、开不动。一家公司有个坏老板，这家公司就很难有什么发展，不倒闭都已经算是万幸。可想而知，在这样的公司工作，在这样的老板手下工作，你的职业发展前景也是相当晦暗的。

子曰："苛政猛于虎也。"鉴于坏老板巨大的破坏力，我们不妨改动一下老夫子的话——"坏老板猛于虎也。"当你遇到了一个坏老板，也就相当于遇到了洪水猛兽，与其为伍可能被其所噬，后退一步则很可能海阔天空。

张俊大学毕业后，从山东千里迢迢来到深圳发展，一开始找工作的标准是工资高就行，其他的都无所谓。后来他如愿找到一家公司，待遇比较可观。可是，才干了不到半年问题就出现了。张俊发现这家公司的老板根本就不会管理，不懂得如何用人。本来张俊是技术指导，老板非要他做人事主管，管理几个刚进来的新员工，并教他使用最严格的手段，工作中出现一点问题就扣工资。新来的几个员工技术不好，这里扣一点，那里扣一点，到了月底工资所剩无几。几个人认为这里面全是张俊搞的鬼，背后常常骂张俊，说他就是老板养的一条狗，什么都要听老板的。张俊听了这话差点气得背过气去。做着自己不喜欢的工作，还天天被人骂，张俊身上的压力之大可想而知。在这家公司勉强做了两年，他就再也坚持不下去了，向老板递交了辞呈。

没过多久，张俊又找到了一家公司，这家公司的老板其他方面都还可以，就是不喜欢采纳别人的意见。有时明明是自己错了，也死要面子，坚决不会承认自己的错误。张俊给老板提过很多不错的建议，但是没有一条被采纳。等事情过去了老板明白再回来做，已经为时太晚。虽说可以亡羊补牢，但是羊已经丢了，是挽救不回来的。在这家公司工作了一段时间，张俊觉得自己的才能无处施展，常常为此唉声叹气。

一次，张俊和几个朋友出去喝酒，在席间多喝了几杯，禁不住向朋友大吐苦水，讲了这几年自己的坎坷经历。想到自己年纪已经不小，事业上却还是没有取得什么成就，这个山东的小伙子竟然忍不住哭了起来。

张俊的遭遇值得人同情，本来一个前途广大的年轻人，因为投错了人，选错了老板，白白浪费了几年宝贵的光阴，让人为之扼腕叹息。事实上，张俊的悲剧很大程度上也是他自己造成的，如果他当初早点看清坏老板的面目，及时抽身而去,或许现在早已经觅得了人生中的伯乐。

讲了这么多坏老板的危害,想必大家也都意识到了坏老板是绝对碰不得的。可是,一个新的问题又出现了,坏老板不会脸上贴着标签在大街上招摇过市,那么如何才能分辨你的老板是不是值得去追随呢?下面就给大家提供几种坏老板常见的脸谱。

1.没有成功经验的老板

如果你的老板已经在商海中闯荡多年,却没有获得什么成功的经历,而且还常常沾沾自喜地说:"像我这样垮下去又能站起来的人也不多。"此时,你就很有必要掂量一下了。固然一个人能在失败后再爬起来是可敬的,但每一次都失败,想必这个老板自身有严重的缺陷,而且没有对失败好好地总结教训。毕竟,坏运气不会总是降临在一个人的身上。

2.大事小事一把抓的老板

有些老板凡事都喜欢事必躬亲,公司里无论大事还是小事都要去过问,认为不经他们的手就没有保障。这样的老板也许很能干,但问题的关键在于他们留不住人才,而一个留不住人才的公司,你又怎能期待它有什么发展呢?

3.不会合理使用人才的老板

这些老板没有管理的才能,他们不知道发挥你的特长,将你安排在更合理的岗位之上。在这种老板手下做事,你就要常常忍受去做自己不喜欢、不擅长的事,而这对你的职业发展有害无益。

4.朝令夕改的老板

这种老板永远都不会明白,不做决策其实也是一种决策。在这类公司里,你会发现公司上下都忙作一团——不是忙着创收,而是忙着收拾残局,忙着拆东墙补西墙。

5.管理太过宽松的老板

如果你有机会重新选择老板,你会选严厉的老板,还是选宽厚的老板?相信

很多人都会选择后者。一个宽厚的老板,看到员工迟到早退,或者工作没有及时完成,或者出现一些差错,都不会太去计较。但长此以往下去,你对自身的要求也必然会降低。本来一个不迟到早退的人,有可能变成"迟到大王";本来今天就能完成的工作,有可能被你一拖再拖;本来做事严谨的模范员工,有可能变得越来越马虎大意。这些改变是你想要的吗?

6.贪婪而不知满足的老板

这种老板只知道自己赚钱,从来不会去为员工着想。在他们眼中,员工只不过是一个赚钱的工具,跟着这样的老板,你永远都不可能得到公正的待遇。

7.刚愎自用,不能采纳意见的老板

古人云:"三人行,必有我师焉。"一个懂得学习,懂得采纳别人意见的人,才可能变得更优秀。如果你的老板听不进别人的意见,那么不用怀疑,他的公司前进的路会越走越窄。

8.言行不一致的老板

这些老板喜欢给你开空头支票,经常会说诸如"我不会亏待你"这类的话,但却极少会兑现。跟着这样的老板做事,未来不确定的因素实在太多。可能你为他拼尽了力气,到头来依旧是一无所获。

如果遇到以上几种类型的老板,你就需要睁大眼睛了。不管他们愿意给你开出多高的薪水,为了你的前途着想,你都要好好地掂量一下。35 岁之前,认准好老板,其实要比一份薪水更加重要。

眼光7　看穿下属，做明察秋毫的"犟"领导

领导的成功之道，在于识人、用人、待人。一名优秀的领导，业务能力不见得要有多高，但一定要懂得驭人之道，更要有看穿下属的眼光。

看穿下属的优缺点，扬长避短

常言道："尺有所短，寸有所长。"在这个世界上很难找到面面俱到的人才，绝大多数人都有自己的长处和短处。一名优秀的领导，不仅要善于发现有才能的人，更应具备看穿下属优缺点的眼光，只有掌握了下属的长处和短处，才能最合理地用人，让他们充分发挥出自身的潜力。

挑选人才很难，用好手中的人才更是难上加难。有些公司里硕士博士一大堆，但人才却是要拿来用的，而不是装点公司门面的。如何能最大限度发挥人才的潜能，让他们身在其位、适用其职，是一门高深的领导艺术。

纳什是著名的篮球巨星，职业生涯中他曾经拿过两次 NBA 常规赛的最有价值球员奖，并多次率领球队杀入季后赛，被认为是当今男子篮坛最伟大的组织后卫之一。

其实纳什很早就成名了，在达拉斯小牛队效力期间他就是球队的"三剑客"之一，被认为是当时联盟中的一流控卫。然而，尽管这一期间纳什打得非常努

力,但却始终算不上是天皇巨星,常规赛最有价值球员奖的奖项对他来说也是可望而不可即的。当时这支小牛队的核心是德国大前锋诺维茨基,一切战术都围绕着他设计,纳什只不过是辅佐诺维斯基的那个人。因为拥有诺维斯基,所以当时的小牛队很少打快攻,一般来说都是阵地战,这就无法发挥出纳什快速灵活的特点。而且,由于身体素质不行,纳什还成为了小牛队防守端最薄弱的一环。这些因素,让他始终都没有成为联盟中的顶级巨星。

30 岁那一年,纳什的职业生涯出现了转机,他辗转回到了自己的老东家太阳队。在这支太阳队里,纳什遇到了自己生命中最重要的一个人——主教练德·安东尼。德·安东尼是一位极其崇尚进攻的教练,他尤其喜爱快攻的打法。纳什来到太阳队后,德·安东尼把他树立为这支球队新的舵手,太阳队也正式打起了跑轰。纳什的组织能力和速度都堪称联盟顶尖,在这支崇尚快攻的太阳队里,他充分发挥了自己的优势,带领球队一路高歌猛进,加盟第一年就拿到了常规赛冠军。

在这一年,纳什也终于达成了多年以来的心愿,获得了 NBA 常规赛的最有价值球员奖。自此以后,太阳队的快打风暴被多支球队效仿,纳什也摇身一变成为了 NBA 的超级巨星。

如果不是当初更换球队遇到了德·安东尼,纳什可能依旧只是联盟一流的控卫,而永远无法冠以超级之名。正是由于德·安东尼对纳什的合理运用,才让纳什发挥出了最大的潜力,实现了个人的突破。纳什的经历带给了我们深深的反思——其实你的身边可能并不缺乏人才,他们一直潜伏于你的眼皮底下,只是因为你缺少了明察秋毫的眼光,所以一直都没有看穿他们的优缺点,由此导致他们的才华一直被埋没,始终得不到施展的机会。

想成为一名优秀的管理者,就必须懂得扬长避短去用人,而要想做到扬长避短地用人,首先要学会的就是识人的长短,全面了解一个人。识人用人的第一着眼点是人才的长处,而并非短处。正如管理专家杜克拉所说,一个聪明的经理人在考察下属的时候,不会先去关心他的短处,至关重要的是看他完成任务的能力。

先看一个人才的长处,能够促使他们充分发挥自身的才能,实现自我的价值;而如果先看一个人的短处,很有可能会使他的长处无用武之地。

《水浒传》里的"鼓上蚤"时迁,其实不过是一个小贼,爱偷偷摸摸是他最大的缺点。初上梁山的时候,因为不齿偷窃这种行为,时迁差点被宋江砍了脑袋,幸亏多人相劝才免于一死。

虽然时迁只是个小偷,但也并非没有绝活,飞檐走壁的功夫就是他的长处。梁山好汉与高俅开战的时候,高俅搬请了大将呼延灼,连环马的阵势一度让梁山好汉们吃尽了苦头。在这个关键的时刻,时迁出马盗走了金枪教头徐宁的祖传宝物,骗得徐宁上山入伙,这才借助徐宁的钩镰枪阵为梁山打退了朝廷的军队。

时迁本是一个小贼,在 108 将中的地位很低,但在水泊梁山生死存亡之际,正是这样有明显缺点的人挽救了梁山的命运。看完这个故事,我们不得不由衷地感叹,其实每个人都各有优点和缺点,能否发出光和热关键还在于管理者如何去用人。

当然,注重人才的长处,并不代表就忽视了短处,人才的短处也是不可轻视的一面。如果不去了解人才的短处就胡乱用人,很可能会因此而酿成大错。

说到短处,也要分为不同的方面,有的短处是基本职业技能的欠缺,有的短处则是偶尔会犯一些错误。避开短处,并不是说要无视或者严厉地指责,而是要能够正视和宽容人才的短处。

某国际影城的副总经理有一次组织服务员面试,惊讶地发现有很多大学生所学的专业和影城的服务工作根本就沾不上边,他们到这里应聘完全是抱着锻炼一下的想法而来。

在这次面试中,有很多人都被淘汰下来,其中不乏名牌大学毕业的学生。很

多人都不理解，难道说大学生连一个小小的服务工作都不能胜任吗？对此，她给出了自己的理解，她认为这些人虽然综合素质比较高，但很多人的性格和特长并不适合在这一行业中发展。如果只是因为学历高就把她们收进来，很可能会影响到日后的工作。

作为一名管理者，该副总经理并没有被应聘者的学历所迷惑，而是能够仔细分析他们的优点和缺点，从中选拔最能满足岗位需求的人，这一点真是弥足珍贵。

管理人才时切忌用人混乱，走入管理的误区。安排性子急躁的人去做细致的工作，很可能收不到好的效果；没有远见，见解浅薄的人只能交代一些简单的工作，而不能对他们委以重用；性格优柔寡断，自信心严重不足的员工不能独立解决问题，所以不可以让他们独当一面……

骏马行千里，耕田不如牛。35 岁之前，你真的应该下一番功夫去提高自己阅人识人的眼光，当你能够看穿下属的时候，才能根据每个人自身的优缺点来安排工作，扬长避短，这才是一个精明的管理者最应该去做的事情。

别让个人感情蒙蔽你的双眼

人有喜怒哀乐、七情六欲，领导们在管理企业时难免会掺杂一些感情因素。但是，有感情不代表可以徇情。要想成为一名明察秋毫的领导，首先就要明确自身的职责，尽可能地学会控制自己，不让个人感情蒙蔽双眼，尤其是在用人的时候。

在公司中，你会有赏识的人，也会有厌恶的人，这是因个人的出身、性格、志向、兴趣爱好、生活习惯、受教育程度以及人生观不同所导致的。你不可能喜欢上公司所有的人，所有的人也不会都喜欢你。

对人有好恶倾向本来是很正常的事，但是如果领导者在人事管理上掺杂了太多的个人感情，仅凭自己的好恶来决定谁优谁劣，谁上谁下，那么既难以服众，又可能导致真正的人才被埋没。

在员工的升迁问题上，领导者务必要唯才是举，提拔那些真正能够为企业创造价值的员工。有些员工可能善于交际，能够迎合领导的心意，从而受到领导的喜欢。但是，往往这类员工只有嘴皮子上的功夫，如果仅仅因为喜欢他们就去提拔重用，很可能带来不可估量的危害。

唐简是一家公司的大区经理，最近他正在为一件事感到心烦。公司有一个业务经理的位置出现了空缺，需要马上找人来顶替。唐简在下属的员工里选来选去，最后筛选出了两个人，一个人是他的好朋友韩山，另外一个是马文然。两个人都有各自的优点，韩山比较年轻，工作能力很强，也很有干劲。而马文然在这家公司工作多年，工作业绩一直非常出色，在公司中也很有人缘。

分析两个人的特点，不难发现马文然其实更有优势，毕竟韩山来的时间不长，如果现在就把他提拔上去，有可能引起老员工的不满。但有一点，唐简十分讨厌那个马文然，这个人性子有点傲，总是不把他放在眼里。平时在公司里，其他下属都对他恭恭敬敬，唯有那个马文然总是一副爱答不理的样子，让人看了就火大。

思来想去，最后唐简咬咬牙还是选择了韩山，因为他不想重用一个自己不喜欢的人，更何况韩山和他的关系还非常不错。

人事任命刚一下来，公司里就炸开了锅，很多老员工都对此表示愤慨。他们认为，韩山虽然工作做得还可以，但来的时间太短，经验资历都严重不足，这样的一个人做经理不能服众。这些老员工联名把这件事捅到了总部。后来，总公司派人查实了之后，对唐敏做了降职处理，这才平息了员工们的怒气。

如果在人事管理上掺杂进太多的个人感情，那么企业将会失去公平竞争的环境，同时也会失去员工的信任。对于一个企业来说，失去员工信任的后果是灾难性的。做明察秋毫的领导，公平公正地去对待人才，才能够让企业时刻保持一

个良好的环境,大大提高员工的工作积极性。

有很多领导总是叫嚷着身边没有人才,其实很多时候是他们在考察人才的时候戴上了有色眼镜,仅仅靠着主观上的臆断就判断一个人是行还是不行。事实上,人才不是一眼就能看出来的,能不能干还要看实际工作中的表现。有些人貌似平凡但却深藏不露,有些人金玉其外却是败絮其中。

在选拔人才的时候,不能掺杂一丝一毫的主观感情,一旦这样做你就很难发现真正的人才。只有以理性的目光去看待下属,才能知道他们到底可用不可用。

一家广告公司在同一时间招入了两个人,一个是阳光帅气的斯蒂芬先生,一个是年过四十的苏珊娜女士。两个人刚来的第一天,总监乔尔就对他们做出了自己的判断——他认为斯蒂芬这个充满热情的年轻人将会在这里取得成功,而苏珊娜,乔尔并不怎么看好她,他不相信这么大年纪的人还能保持丰富的想象力和创造力。

乔尔根据自己的判断给两个人安排了不同的工作,斯蒂芬主要负责为一些重要的客户设计广告,而苏珊娜则被安排做一些不那么重要的设计——这样即使她做砸了也不会有什么太大的影响。

然而,工作一段时间之后,乔尔才惊讶地发现自己当初这个决定是多么愚蠢。苏珊娜虽然年纪比较大,但她的灵感和创意却如喷涌的泉水一般,凡是她设计的作品都赢得了客户的交口称赞。再看看那个原本被他看好的斯蒂芬,这个年轻人明显在设计方面缺乏天赋,乔尔甚至认为他的思想之源已经枯竭,他设计的作品都是平平淡淡,没有任何亮点,用乔尔的话来说——那简直是糟糕透顶了!

很多领导者都有这类不易察觉的偏见,他们往往根据自己的喜好来判断哪种员工是人才,哪种员工是庸才,但他们这种主观上的臆断往往是经不起推敲的。真正明察秋毫的领导,很少会犯下这种错误,他们不会让主观感情影响自己,总是能够以公平客观的心态去面对下属。

作为一名领导者,你要清楚的是,如果你让感情蒙蔽了双眼,那么就不可能在下属中建立起丝毫的威信。公正无私是领导者最宝贵的品质,也是在公司中的立身之本,只有正己立身才能更好地约束下属。同时,当你不再让主观感情影响自己时,你就能发掘出更多的人才,让自己的团队变得更加强大。

胸襟广阔,用人不疑

很多领导在委派下属——尤其是那些他们不怎么了解的新员工——做事的时候,心里多多少少都会产生一些忐忑,担心他们做不好自己交代的事情。

其实,领导者的这种担心完全是多余的。管理界有一句名言叫做“疑人不用,用人不疑”,既然你已经决意派一个人去做事,那么必然这个人的能力得到了你的认可。与其对这个人将信将疑,不如充分放权给他,促其产生“士为知己者死”的心理。

企业中大大小小的事有一大堆,完全依靠一个人去做是不现实的,即使能力再强的领导也不可能大包大揽,总要有些事分给下属去做。既然要委派下属做事,那么就应该充分信任他们,支持他们。

不可否认,有些人确实难以托付重任,但绝大多数人都能比较好地完成领导交代下来的工作。如果领导者因为怀疑而不敢用人,或者用人多疑,那么势必会对企业造成不利的影响。

西尔斯和罗拜克联合创立了一家邮购销售公司,主要的业务是在网上接受顾客的订单,然后为他们发货。公司成立第一年,年营业额达到了 10 万美元。为了让公司取得进一步的发展,他们特意聘请了经营专家卢德华来管理公司。

卢德华认为这家公司的业务有别于传统销售,必须严把进货关,保证产品的质量,只有这样才能赢得消费者的信任。为此,卢德华进行了大刀阔斧的改

革,不再从一些出货商那里进货。没想到,卢德华此举竟然导致了很多出货商的不满,他们联合起来拒绝为这家公司提供货物,公司一下子陷入了尴尬的境地。卢德华为此事感到心神不宁,害怕老板为此批评他。

然而,西尔斯和罗拜克并没有因此而怀疑卢德华的改革措施,他们自始至终都给予了他充分的信任。挺过了供货危机后,这家公司终于迎来了发展的春天,卢德华"货真价实"的策略让他们的声誉与日俱增,越来越多的人开始从他们这里订购商品。10 年之内,他们的营业额整整增加了 10 倍,成为了世界上最大的邮购公司。

对于那些遭受挫折的员工来说,来自领导的鼓励无疑是他们最大的慰藉。对员工信任,尤其是在他们犯错的时候给予信任,会拉近与员工的距离,增强他们对公司的归属感。

而对员工不信任,则会严重挫伤员工的自尊心,间接的后果就是加大企业离心力。如果企业的领导者能够和员工进行换位思考,与他们建立起相互信任的关系,不仅会增强员工的责任感和使命感,也会使他们自身的潜能得到最大程度的开发。

每个人都渴望拥有足够的个人空间,员工在工作中也不例外。领导对下属盯得过紧,看得太严,有时候并不是什么好事。聪明的领导无需把员工看得太死,只要在委派工作的时候让员工承担相应的责任,就能够有效地督促他们完成工作。

"既然相信一个人,就要放心大胆地去用",这是某国际名企创始人在管理上信奉的原则。

该领导从来都不会阻碍年轻领导的发展,而且还喜欢启发、咨询年轻人的看法。如果公司中有人提出了什么好的点子,他会小范围地实验一下,然后再决定是否推广。在他的影响下,公司上上下下都形成了一致的管理风格。

在这里工作的每一位领导都有足够的个人发展空间,上级不会过多地去干涉他们的工作,让他们有机会去证明自己的能力。与此同时,公司也会要求这些领导在工作时承担相应的责任,这就对他们形成了有效的监督。在分权管理的制度之下,年轻领导们总是表现出对工作极高的热情,这也是一直以来公司收获成功的重要因素。

在该公司,高级领导者举行会议的房间被称为"战事房",采取的是环形设计,没有太昂贵的装潢,充分表现了平等合作的精神。在这间会议室里,领导们可以各抒己见,为公司的发展献计献策。

该公司一位高管说:"我们努力为员工创造宽松的工作氛围,充分给予每个人发展的空间,让他们发挥出他们自身最大的潜力,我想这就是我们一直成功的原因。"

充分放权,权责分明,无疑是管理员工最好的方式。这样一来,员工既不会受到太多的束缚,不用因为担心过多而导致失常发挥,也不会因为肩上没有压力或压力太少而放纵自己,影响工作。

用人不疑,不仅能够给员工自由的发展空间,而且还可以让员工明确自身应有的职责。

堤义明子承父业,成为日本著名的西武集团总裁。在他的管理下,西武集团从一个中型企业一步步发展,最终成为了控制日本的饭店、铁道、百货等服务行业的庞大企业集团。

谈到自己的管理秘诀时,堤义明说道:"我管理员工的方法就是给他们更多的自由和更多的机会,在他们失败的时候多鼓励一下。"堤义明这种人性化的管理方法,让他赢得了全体员工的爱戴。在西武集团下属的公司里,员工无论职位高低,都把集团的利益视为自身的利益,将总裁堤义明看做是可以一生追随的领袖。

领导在用人的时候想做到"一潭清水望到底"是不太可能的。如果你不敢放手用人,就永远不知道这个员工是不是会给自己带来惊喜。只有胸襟开阔一点,

做到"用人不疑,疑人不用",才能在公司中发现更多的可用之才。

在西方,很多跨国的知名企业都把"无为而治"当做是管理最高的境界。虽然说现在这种境界还离实际的经营管理有些遥远,但如果你想让公司快速发展,从公司中发现更多的人才,那么充分信任你的下属是很有必要的。"用人不疑,疑人不用",不仅是管理的最理想境界,更是一种依托企业谋略、企业文化而建立的经营管理平台。

善待你的每一个下属

一家公司的发展和崛起,靠的是全体人员众志成城的努力,只有管理者与员工心往一处想,劲往一处使,才有可能实现这个目标。如果把商场比作战场,那么管理者就是运筹帷幄的元帅,而员工则是他身边的士兵。没有元帅的士兵群龙无首,没有士兵的元帅更是什么都做不成。然而,这个看似很简单的道理,却常常被人们所忽视。

很多公司中的管理者经常对下属大呼小唤,随意指使,从不顾及别人的感受。下属在工作中遇到问题了,他们往往只知道斥责,却不知道设身处地地为员工着想。这样的管理者在公司中并不少见,而他们也是大多数员工的眼中钉、肉中刺。

众人拾柴火焰高,一位不懂得善待下属的领导,就不可能赢得下属的信任和支持。而没有员工的支持,即使他有通天的本领,到头来也还是什么都做不成。

王建曾经就读于北方一所名牌大学,在校期间表现优秀,毕业后进入到了一家民营企业工作。来到这里不到两年的时间,王建便成长为了公司的业务骨干,多次受到老板的褒扬。可是,就在王建已经赢得了老板认可,发展前景一片光明之时,他却突然向公司递出了自己的辞呈。对王建的决定,老板感到很疑惑,私下沟通才知道了他离职的真正原因。

原来,王建一直无法认可自己的部门经理张某,两个人的关系已经到了水火不容的地步。说起两个人的矛盾,还要从一件小事说起。有一次,王建和经理一起出差,半路上,王建不幸染上了重病。按理说,同行的经理此时应该多照顾一下王建,毕竟两个人也是多年的同事。然而,张某非但对王建的病情不闻不问,还一直督促他早点完成工作,以便回去交差。

这件事让王建从心里恨上了经理,始终都无法对他产生好感。在工作中,王建经常和张某故意顶嘴,每周都要吵上几架,关系变得非常冷淡。尽管公司的待遇不错,但王建不想在一个人情冷淡的地方工作,于是才主动向公司递交了辞呈。

一个优秀的人才,仅仅因为领导没有去关怀体恤就选择离职,这对公司未尝不是一个损失。如果这位领导当初能多多善待自己的下属,也就不会发生这种事情了。

领导与下属的关系譬如船和水,水能载舟,亦能覆舟。没有赢得下属的支持,领导什么都做不成。聪明的领导会把员工当做自己最亲密的战友,他们会善待自己的每一位下属,从工作和生活上去关怀他们。这样的领导身边总是有一群坚定的支持者,他们义无反顾地站在领导身边,信任他,尊重他,支持他。

哈尔滨第一热电厂有这样一名受人爱戴的领导——知心姐姐芦景梅。她一肩挑起工会工作的大梁,办实事、听民意、解民忧,架起了工会组织联系干部员工的桥梁,为企业营造出了一个和谐大家庭的氛围。

这家工厂的员工主要来自佳木斯、鸡西、七台河、双鸭山等不同城市,由于厂里员工没有本市的户口,所以子女上学一直是个老大难的问题。尽管没什么人向厂里提出过相关的要求,但是芦景梅站在员工的角度上考虑,觉得还是应该帮助他们解决这个问题。

为了让员工的子女们能来哈尔滨上学,芦景梅四处奔波了解他们子女的基本情况,为了保证统计数据的准确性,她还耐心地将家长和孩子一一对号入座。

费了很大一番力气,芦景梅终于把职工的 114 名子女全部送进了哈尔滨市的学校。

在工程建设的关键时刻,芦景梅为了犒劳员工,率领工会开展了"同心聚力促投产,爱心饺子送一线"的活动。她亲自带领大家一起包饺子,然后又亲手送到一线员工面前。当员工捧着一盒盒热气腾腾的饺子狼吞虎咽的时候,心里边都感到了说不出的温暖,大家的心也更紧密地联系到了一起。

冬天送电椅垫、电褥子,夏天买冰棍,芦景梅为厂里员工做了很多实事,而这些事都被大家牢牢记在了心里。在工厂里,芦景梅是最受大家爱戴的人物,凡是她组织的活动,大家都会积极参加,因为他们打心眼里喜欢这位可敬的领导。

芦景梅为员工做的多是一些微不足道的小事,但就是这些小事让她赢得了员工的厚爱。由此可见,想要征服员工的心其实并不难,只要你是发自内心地去关怀他们,帮助他们,就能够换回信任与尊重。

成为一名优秀管理者的前提就是赢得下属的支持和尊重,想得到员工的支持和尊重,就要学会善待下属。总地说来,有以下几种方法可以帮助你和下属建立良好的关系:

1.多交流,沟通

身为领导,工作上的事要抓好,员工的情况更要时刻了解。只有多和员工进行沟通,了解他们的内心想法,才能真正体谅他们的苦衷。

2.吸取采纳员工意见

对于员工的建设性意见,领导应该格外加以重视,如果确实是个好主意,即使这个建议再小也应该采用。很多员工都会因为自己的建议被领导采纳而兴高采烈,即使他们曾经对你心存芥蒂,也会因此对你倍加亲切。

3.体谅下属

是人就难免会犯错,员工也如是。评价一名员工,不应该只看一次的表现,而是应该看长期的表现。如果因为一次表现不好就对员工大加指责,不仅会严重影响员工的工作积极性,也会让员工的心离你越来越远。

4.经常面带微笑

一位经常面带微笑的领导,谁都想和他开诚布公地交谈。一位面色阴郁的领导,则往往会让人敬而远之。在公司中,领导并不需要做黑脸包公,多一点微笑,员工就会被你吸引,主动和你交流,这是与员工建立友谊不错的方法。

善待你的每一位下属,由此你也会得到下属的善待。35 岁之前,如果你开始懂得善待自己的下属,那么今后的人生旅途就会越走越顺。

眼光8　辨识人才,这是21世纪最重要的能力

21 世纪什么最重要?当然是人才!作为一名领导者什么最重要?当然是辨识人才的眼光。究竟是不是人才,应该怎么去用人才,都要取决于你有没有看清人才的眼光。

欲成大事,你要慧眼识英才

有人曾经这样问比尔·盖茨,如果现在让你马上离开微软,你还能东山再起吗?盖茨不假思索地回答:"能!只要给我 100 名微软的员工,我就能亲手再创造出一个微软。"

盖茨的话,阐明了现代企业发展的根本要素——人才!在竞争越来越激烈的市场之中,资本已经不再是决定性的因素,唯有高素质的人才是无往而不利的神兵利器,掌握了人才,也就意味着你掌握了市场竞争中的主动权。在这个时代里,企业之间的竞争其实就是人才之间的竞争。哪家公司的人才多,哪家公司就能战胜对手,独领风骚。

正所谓得人才者得天下,失人才者失天下。当今社会,寻求人才并收为己用是每个企业家肩上重要的职责。如果你想要成就一番大事,就需要看清人才,重用人才,人才能帮助你实现理想。

史玉柱第一次创业的时候,由于不顾资金链断裂的风险建造了巨人大厦,结果楼还没盖好自己先破产了。当时史玉柱可以说是输得十分彻底,公司没了不说,还欠了很多债。

然而,就是在这种恶劣的情况下,史玉柱还是不肯认输,他仰仗的就是手下一批忠心耿耿的老员工。1999 年,史玉柱重出江湖,在上海注册了健特生物科技有限公司,开始做保健品。没过多久,健特正式推出了脑白金,并且依靠精英营销团队的宣传让脑白金火遍了大江南北。不久之后,健特又推出了黄金搭档,这同样为他们带来了丰厚的利润。

靠着脑白金和黄金搭档的成功,史玉柱不仅还清了当年欠下的债款,还在商界成功地站稳了脚跟。

2006 年,史玉柱的巨人网络正式推出了一款 2D 网络游戏《征途》,这款游戏刚一上市就吸引了大量的玩家。大气的游戏场景,丰富的玩法,让《征途》成为了很多游戏迷的最爱。据估计,《征途》最高的在线率已超百万。凭借这款游戏的完美表现,刚刚创立的巨人网络公司一举奠定了自己在网游界的地位,巨人的老总史玉柱也因此赚了个盆满钵满。

史玉柱的创业经历跌宕起伏,他经历过成功,也经历过惨重的失败,最后他能够依然屹立商界不倒,其实都要得益于他长期以来的人才战略。

一切竞争,说到底其实都是人才的竞争,现在人才已经成为了最宝贵的财富。重视人才,重用人才,已经成为了中外商界的共识。而如何发现人才,识别人才,更是很多企业家日夜思索的问题。

大家都知道人才宝贵,但大多数人都缺少了一双慧眼,不知道什么样的人是人才,所以他们迟迟难有什么成就。而那些善于发掘人才并且重视人才的人,则会比他人的成功来得更容易。

联想从一个仅销售联想汉卡的小公司发展成为国际化的科技公司,靠的不仅仅是柳传志的运筹帷幄,更有手下人才的鼎力相助。

1999 年，联想从全国的众多竞聘者中录取了其中的 58 人，而这其中就包括了杨元庆。杨元庆在联想的第一份工作是销售代表，向客户推销使用 INTEL386 芯片的 SUN 工作站。杨元庆做事非常认真，也很健谈，很快他的出色表现就引起了柳传志的注意。

1991 年，杨元庆被任命为计算机辅助设备部（CAD）的总经理，他每天带着自己的团队奔波于中关村，一边推销惠普公司的绘图仪，一边向经销商推销"代理"这个当时还比较陌生的概念。凭借自己的勤奋和努力，最终杨元庆收获了成功，两年后 CAD 部的销售业绩增长了 9 倍以上。

30 岁的那一年，杨元庆坐上了联想微机事业部总经理的位置。当时国内个人电脑销售量持续下滑，联想遭遇到了严峻的考验。受命于危难之际的杨元庆重组销售队伍，以"低成本战略"帮助联想电脑跻身中国市场三强，让联想个人电脑销售量持续增长，一举扭转了联想的颓势，也由此确立了联想在全国电脑市场中龙头霸主的地位。

柳传志从联想卸任后，董事长的位置让给了杨元庆。后来，当人们询问柳传志是如何发现这个人才时，柳传志回答："我研究他已经很久了。"

杨元庆从联想的众多员工中脱颖而出，离不开柳传志的慧眼，而慧眼识英才的柳传志也没有失望，杨元庆这个得力的助手帮助他开拓了联想的版图。

人才的高度决定了一家企业的高度，人才的力度也决定了企业发展的力度。一家企业想要发展，就离不开人才的相助。如果能够把高素质人才的积极性、主动性和创造性充分调动起来，必将形成强大的动能，帮助企业实现飞跃。

21 世纪什么最贵？人才。什么比人才还要贵？那就是识别人才的眼光。35 岁之前，多一些看清人才的眼光，才能助自己成就一番大事。

"德"与"才"的博弈

任何时期,才德兼备的人都是凤毛麟角,少之又少,而具有某方面"才能"或"德行"的人却屡屡可见。

企业在选拔任用人才的过程中,能够遇到德才兼备的人固然最好,但这样的人毕竟是极少数。那么,在选才的时候,到底是一个人的品德重要,还是才能更重要一点呢?

对于这个问题,司马光在《资治通鉴》中给我们作出了回答:"才德全尽谓之圣人,才德兼亡谓之愚人,德胜才谓之君子,才胜德谓之小人。"这段话的意思是说,才德兼具是圣人,才德不具是愚人,有德无才是君子,有才无德则是小人。司马迁很清楚地阐明了品德不好之人的危险性,他认为"德"比"才"更加重要。

在这方面,曾国藩也和司马光有着相同的认识,他认为"德"与"才"是不能分开的,"德"靠"才"来发挥,"才"靠"德"来统帅。在用人时,如果没有圣人和君子,那么与其用小人,不如用愚人。有才而无德的人是最危险的人物,比无才无德还要坏。

有人向公司反映,一名员工在和客户接触的时候向对方承诺回扣。这个消息让主管们都很吃惊,在公司这种事情是绝对不会被容忍的。

经过细致的调查,主管们终于了解了事情的真相。原来,一名业绩一直非常优秀的业务员,为了让自己当季度的业绩能够达到"优秀"的标准,才想出了这么一个"歪招"。

如何处理这位业务员呢?这可让主管们有点伤脑筋,因为这个人在公司中的表现一直不错,平时也没有触犯过规章制度,而且就在上个月他还刚刚当选为"销售之星"。他这个月的销售额马上就要达到"销售之星"的标准了,也许是求功心切才铤而走险,想出了这么一个愚蠢的办法。因为犯一次错误就要将他

扫地出门,这是不是有点过于严苛了?

总裁并没有像下属主管们那样犹豫,在这位员工"东窗事发"的当天,总裁就已经为他办好了离职手续。总裁认为,员工个人能力在其次,思想品德要排在首位,向别人承诺回扣的行为,无论有什么样的借口,都已经说明了这个人品德上有问题。

对于触犯道德准则的事绝对没有讨价还价的余地,就像那位总裁说的那样:"道德是我们的天条,永远都不能够被侵犯。"

看人重"德"甚于重"才",用道德标准来检验员工的综合素质,所以成功的公司才能笼络一批优秀可靠的人才。正是这些有"德"的员工,帮助知名公司树立了崇高的信誉,也帮助公司快速崛起。

对于企业来说,有德无才的人是次品,有才无德的人是危险品。一个人的能力不行可以多培养,一个人没有品德却将给企业带来很大的危害。把这样的员工留在公司里,就相当于是埋下了一颗定时炸弹,不知道什么时候会被引爆。

人才难得,但有"德"的人比有"才"的人更加难得。也许他们并没有过人的能力和天赋,但他们本性善良,不会欺瞒他人,不会投机取巧,做事情老老实实,本本分分。由于能力有限,他们可能做事情不够周详,但这样的人做事特别卖力。当你对他们委以重任时,他们会尽心尽力地做好。

《把信送给加西亚》讲述的就是这样一个故事,主人公罗恩是一个平凡的小人物,没有过人的能力,但是当他被委以重任时,凭着高尚的品德他完成了看似难以完成的任务。

故事发生在美国和西班牙之间即将发生战争的时候。当时加西亚将军隐藏在一片山林之中,无人知道他的行踪,他也无法收到任何邮件和电报。为了让军队的首领得知他的情况,需要派人去和他联络。

这是一个重要的使命,但很多人都畏难而退,在他们看来这是一个不可能完成的任务。就在总统一筹莫展的时候,一个人向他建议:"有个叫罗恩的人能帮您把信送给加西亚。"

罗恩从总统手里接过信后，问都没问加西亚将军在哪就启程出发了。他用油布袋将信件密封好、捆在胸前，然后乘敞篷船航行4天，趁着夜幕降临在海岸登陆，消失在茂密的丛林中。三周后，他又徒步穿越了西班牙军队控制的领土，历经千难万险，最终把信交到了加西亚将军手中。

罗恩，不过是一个默默无闻的小人物，没有多少过人之处，可是，他却做到了很多有才华、有智慧的人都没能做到的事。他的可贵之处在哪呢？他的可贵之处就在于忠诚，接受了任务，就一定要把事情做好，正是这种可贵的品质让他出色地完成了任务。

作为一家企业的领导者，在选拔任用员工的时候，应该唯德是用而不是唯才是用。有德有才的人当然要破格使用，有德无才的人重点培养，无德有才的人限制使用，无德无才的人绝对不能用。

德才兼备的"圣人"具有强烈的理想色彩，在现实生活中难得一见。所以，领导者们应该提拔重用那些有德的人，这样的人才可以成长为企业的栋梁之材。

会识人更要会用人

浏览大大小小的招聘网站，我们不难发现，有一些企业总是在招人，一年365天从不间断。为何一直要招聘人才，是找不到人才吗？还是企业发展节节高？其实都不是，这些公司之所以总是招人，只是因为不懂得如何去使用手中的人才，千辛万苦招来的人才要么跳槽，要么发挥不出才能，无奈之下只得又去招人。

找对人才能做对事，这话很有道理，但并不是说找对了人就万事大吉了。即使你眼光独到，为公司里找来了一批人才，但如果把他们放在那里搁置不用，或者用不好他们，这些人才也不会为企业创造出什么效益。

用人比识人更加重要，选好了人只是做好了第一步，如何去使用这些人才是最关键的一步。只会识人不会用人，必然会造成人才的浪费，每天只能重复地去寻找人才。而会用人不太会识人，虽然有可能手下没那么多人才，但却能让人才各司其职，发挥最大的潜能。

当然了，如果一名领导者既具备识人的眼光，又掌握了用人的手段，那么就能够成就一番大事。

汉高祖刘邦是一个雄才伟略的君主，他带领起义军推翻了秦朝的统治，又战胜了当时不可一世的西楚霸王项羽，最终统一中国，威加海内。刘邦能成就如此霸业，靠的就是自己识人用人的眼光。

汉高祖手下有 3 个重要的人才——韩信、张良、萧何，这 3 个人后来被合称为"汉初三杰"。这 3 个人都有自己的长处，萧何善于治理国家，张良长于出谋划策，韩信精于带兵打仗，都是屈指可数的人才。

刘邦不仅能在乱世中发现这些人才，并且能依据他们自身的特点安排工作，韩信能打仗就让他去领兵征战，张良有奇谋就留在身边做军师，萧何善治国就命他管理国家大事，为前线军队提供后援。在刘邦明确的分工下，3 个人充分发挥了自己的才能，为刘邦统一中国立下了汗马功劳。

发现人才很难，用好手中的人才更难。刘邦的成功，就在于他是一名会识人更会用人的领导。和刘邦同一个时代的项羽，虽然他身边也有范增这样的人才辅佐，但项羽却不知道如何去使用，结果导致自己输掉了楚汉战争。

会识人、更会用人的人，在群雄割据的年代能成就一番霸业，在当今的职场中也能成为优秀的管理者。他们了解企业需要何种人才，也知道人才该放到什么样的位置才能发挥出最大的潜力，这样的领导是企业中最宝贵的财富，有了他们，企业就不必一年 365 天都去绞尽脑汁地想着怎么去招人才了。

企业的人才流失有两方面原因，一是人才找到了更高水平的薪酬福利的职位；二是人才感觉自己没有受到重用，职业发展前景黯淡。

　　叶凡是一名经验丰富的人力资源管理人员，因为原来的单位工资不高，所以他跳槽去了一家名企。这家企业很重视人才，给叶凡开了一份不错的薪水。叶凡对这份薪水很满意，感觉受到了公司的重视，于是下定决心好好在这里干活。

　　刚来这家公司的时候，叶凡还是和以前一样做着人力资源管理的工作，但没过多久，市场部急缺人手把他调了过去。叶凡之前从来没有这方面工作的经验，而且对这里的工作也不是很喜欢，所以一直都感到闷闷不乐。

　　在这家公司做了半年多，叶凡工作上一点成绩都没有，他感到在这里发展前景极其有限，于是便选择离职了。

　　因为用人不当，很多企业都出现了严重的人才流失，这对于企业来说可是不小的损失。如果领导者能提高自己的用人水平，对下属员工进行合理的分工，那么也就会从最大程度上减少人才的流失。

　　识人是一种智慧，一个领导者，如果不能敏锐地识人，就会所用非人。用人更是一种高明的手段，善于用人的人，能充分发挥出每个人身上最大的潜力。企业中的工作岗位五花八门，需要的人才也是各式各样，所以，既识人又会用人的领导才能真正成为一名优秀的管理者。

眼光 9 目光如炬，一眼看穿人心

俗话说："画龙画虎难画骨，知人知面不知心。"每个人都会有意无意去掩饰自己，所以人的内心并不是那么容易看透的。虽说如此，但如果你掌握了"察言观色"的本领，还是能够一眼看穿人心。

从脸上读出人的内心

有句话叫做"知人知面不知心"，但其实人的面部表情在无形中传递了许多微妙复杂的信息。如果你是一个心思缜密，观察能力强的人，看一个人面部的变化，就能够读懂他的内心。

有些人为了不让别人了解，会故意装出一副"扑克脸"，试图借此来掩盖自己情绪的波动。然而，人的意志虽然可以控制肌肉的活动，但在生理活动力量比意志力强的时候，还是不会受意志所左右。更何况，一天到晚都装出一副扑克脸是不现实的，人的喜怒哀乐，总是会通过面部五官表现出来。无论你如何进行伪装，也难免会有露馅的时候。但要注意的一点是，表情的变化往往只是一瞬间的事，观察别人如果不够仔细，很可能就错过了稍纵即逝的表情变化。

美国心理学家保尔·艾克曼的一项研究表明，人类的面部表情可以分为最基本的 6 种，分别是：惊奇、高兴、愤怒、悲伤、藐视、害怕。不管是生活在世界上哪个角落的人,表达这 6 种感情的面部动作都是相同的。

通过一个人面部表情的变化可以看穿一个人的内心,看透他们是什么样的人,因为每个人表情的背后是他的生活经历、学识修养、心态人格。

脸是能够反映一个人情绪变化的晴雨表,从面部最丰富的精神性表现中,可以看出人的心灵变化。面部表情不可能脱离精神,因为它就是精神的直接体现。面部很容易表现出柔情、胆怯、微笑、憎恨等诸多的感情,它是"观察内心世界的几何图"。

譬如说,脸上泛起了红晕,一般是害羞和激动的表示。脸色发青发白是生气、愤怒或受了惊吓而紧张的表现。

除了脸色的变化,脸上的眉毛、眼睛、鼻子和嘴,更能表现出丰富细致又复杂多变的神情。紧皱眉头一般表示不能认同、烦恼或者是盛怒;扬眉一般表示高兴、惊奇等感情。闪动眉毛一般表示欢迎或加强语气。耸眉的动作比闪动要慢,眉毛扬起后稍稍停留再落下,表示惊讶或悲伤。

在面部表情的表达上,嘴的作用同样不可忽视。很多人都知道眼睛会说话,而对于嘴的作用有所轻视。美国一位心理学家曾做过一个实验,他将很多表现某个情绪的照片横切之后再复制——比如把表现难过的眼睛和一张表现欢乐的嘴组合在一起。实验结果证明,观看照片者受嘴的表情影响要远甚于受眼的影响。这也就是说,嘴能比眼睛表现出更多的情绪变化。

当一个人嘴唇闭拢时,表示和谐宁静、端庄自然。嘴唇半开,表示有疑问或者惊讶。如果嘴巴张得很大就表示惊骇。嘴唇向上,表示善意、礼貌、喜悦。嘴唇向下表示痛苦、悲伤、无可奈何。撅起嘴唇,表示生气或不满意。嘴唇绷紧,表示愤怒、对抗或已经下定决心。

小小的一个面部表情,就能够传达出多种复杂的感情,这真的是一件神奇的事情。如果你想看清别人的内心世界,不妨试着去观察一下他的表情,也许能够得到意外的收获。

现实生活中,不是每个人都能够从别人面部表情的变化来读懂其内心的变化,这种能力要通过长期的学习和实践才能够得到。可不要小看这个本事,这并不是什么雕虫小技,学会了这种方法,将会对你识人有很大的帮助。

35 岁之前,如果你想把自己培养成为目光如炬的人,那么就应该去学习这种"察言观色"的眼光,当你掌握了这种能力,也就掌握了一种极其重要的做人看人的本领。

从行为读出人的人品

在日常的人际交往中,为了赢得别人的好感,或是谋取特别的利益,不少人都会刻意隐藏自己,为自己戴上一副面具。因此,从这些人的表面来看,我们很难了解他们到底是什么样的人。

有些人看来大义凛然,一腔正气,背地却可能是个蝇营狗苟的小人;有些人总是装作一副大公无私的模样,其实骨子里自私得要命;也有些人貌似重情重义,实则薄情寡义、忘恩负义……如此种种,不再一一赘述。

那么,面对如此之多的伪装,我们应该怎样透过一个人的外表,一眼看穿他的内心呢?

常言道:"小事见人心。"从一个人平日里的一举一动,我们就能知道他的人品到底怎样。这个人是好是坏,是忠是奸,往往都显露在一些很不起眼的小事上。

王明在一家大型公司的市场部担任部门经理。他能力非常出众,为这家公司的发展立下了汗马功劳。

然而,尽管王明的业务能力很强,但他也有自己的小毛病——喜欢乱拿公司的东西。因为贪图小便宜,王明总是找借口拿走公司的办公用品,小到记事本、光盘,大到笔记本电脑、打印机,都被他拿回家挪为私用。然而,王明却万万没有想到,他偷拿公司用品的行为,早已经被老板看在眼里,记在了心里。

有一次,公司要从市场部门选派一个人去美国深造留学,这种机会是每个员工都梦寐以求的,因为去深造就意味着升职。而这次公司主要的人选,一个是王明,另外一个是市场部的副经理李强。王明确信自己能够得到这次出国的机会,因为他的资历比李强老,人缘又比他强,没有理由会输给他。

然而,结果公布之后却让所有人大跌眼镜——李强最终获得了这次出国深造的机会。王明对此感到十分不满,理直气壮地去找老板理论。老板并没有解释什么,只是让他反省自己的不足。后来,一位好心的秘书偷偷告诉王明被淘汰的理由:因为老板看王明平时总是偷偷拿办公用品,便对他没有太好的印象,认为这个人品行不端,不可大用,所以最后才圈定了李强去美国深造留学。

名牌大学毕业的王明本来被老板认作是德才兼备的人才,在公司中的前途不可限量。但因为偷拿东西这一件小事,老板看清了王明的品质,并由此断定他不可重用。由此可见,一些微不足道的小事,能够清楚地展示出一个人的人品。

从行为读出人的人品,对你的人际交往很有帮助,借助这一点,你可以知道哪些朋友是可以交的,哪些朋友是不可以交的。对于那些不可交的坏朋友,你就可以和他们保持距离,避免他们影响到自己。

刘先生是一家化妆品公司的宣传部长,他曾经历过这样一件事:有一次,一个广告代理商来到他们公司谈生意,期间说到了 A 公司的竞争对手 B 化妆品公司,这个代理商或许为了拉广告,于是将 B 公司的一些商业机密和盘托出。

刘先生听到这里,忽然想道:"这个人和我并没什么深交,为什么会向我泄露别的公司机密呢?如果我和他成了朋友,对他讲了公司机密,可想而知,他以后同样会把我们公司的机密出卖给别的公司。"

看穿了对方的本质后,刘先生开始渐渐疏远这个代理商,再也不和他谈什么合作了。

聪明的刘先生,通过行为读出了一个人的人品,没有掉进对方设下的陷

阱。如果他当时利令智昏与那个人交上了朋友，可以想见，日后必定会因此而招来不少的麻烦。

当然，从行为读人品，不仅能够帮助你远离那些奸佞小人，同时还能够帮助你交上很多可以信赖的朋友。

鲁国重臣孟孙带着手下去打猎，转了半天只猎到了一只小鹿，命家臣秦西巴用车子把小鹿带回。

在回家的路上，有一只母鹿一直跟在车后哀鸣，看上去应该是这只小鹿的母亲。秦西巴觉得母鹿非常可怜，于是没经过主人同意，就悄悄把小鹿放了。

孟孙返回家中，知道秦西巴竟敢背着自己把鹿放跑了，顿时勃然大怒，命手下人把秦西巴教训了一通，继而又幽禁起来。

但是，3个月后，孟孙不但宽恕了秦西巴，还让他来辅佐自己的儿子。近侍惊讶地问道："前些天您才刚刚处罚了他，现在又把这么重要的任务交给了他，这到底是为什么呢？"

孟孙答："秦西巴连小鹿都不忍捉回，将其放掉，由此可见他是一个心地善良、老实忠厚的人。派这样的人来辅佐我儿子，他决不会做出背叛他的事来。"

如果你想了解一个人，可以通过他待人接物的行为来进行判断。待人接物看似事小，却能反映出一个人的道德品行。这既向我们提供了一个观察别人的好方法，同时也告诫我们：你不经意间做的一件小事，也许已经被身边的人牢牢记在了心里。

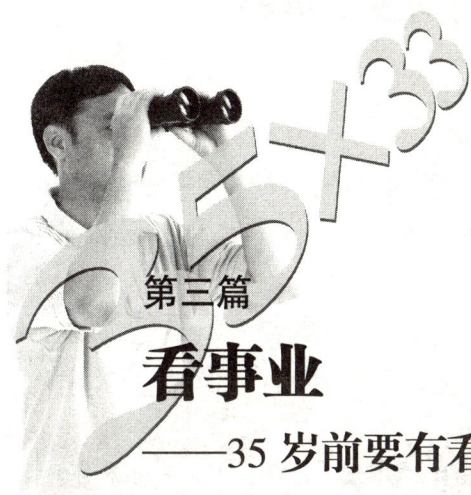

第三篇

看事业

——35 岁前要有看清事业的长远眼光

事业,在每个人的生命中都占据了很重要的位置。人的一生大部分时间都要放在事业上,为之努力,为之奋斗。事业好了,生活就会过得富足美满;事业差了,难免就会悲苦穷困。事业虽不是全部,但却对一个人的生活有着极其重要的影响。所以,35 岁前拥有看清事业的长远眼光,将会让你受益终生。

眼光 10 规划职业方向，看清发展道路

找准了方向，路才能走得顺，走得远，这个道理谁都懂。想在职场中有所发展，做好职业规划是重中之重的事，如果你没有一个长远的规划，那么很容易就会误入歧途。

成功源于合理的职业规划

中国有句古语说："男怕入错行，女怕嫁错郎。"男人选错了从事的行业，和女人嫁错了丈夫一样，都是要后悔一辈子的。把这两者相提并论，主要是为了凸显职业规划的重要性。

总有很多人天真地认为自己不需要做什么职业规划，他们常挂在嘴边的口头禅是——"干什么不都是混口饭吃吗？"但事实上，如果一个人没有意识到职业规划的重要性，那么在日后的工作中必然会吃到不小的苦头。

有人说："人生的悲剧说穿了就是选择的悲剧，随便地选择将会失去更好的选择。"这句话放在职业规划上是再合适不过了。在进行职业规划的时候，即使有那么一点点的偏差，都可能导致今后的人生之路差之千里。职业规划的重要意义，正在于此。

张强是一所名牌大学计算机专业的高材生，他没有像其他的应届毕业生那样面临找工作难的困境。在他还没有毕业的时候，就有一家大型外企向他发出了聘请函，请他到公司的研发部门工作。另外，还有几家颇有实力的私营企业也表示愿意给他一个职位。

但是，张强却觉得再大的企业也没办法给自己提供一份绝对稳定的工作，而且在企业中工作压力相当大，他担心自己不能很好地适应。仰仗着名牌大学高材生的资历，张强觉得自己完全有能力在政府机关中找到一份满意的工作。于是，张强断然回绝了这些企业的邀请。

几经波折，张强终于在一家中央直属机关找到了工作。虽然说工作稳定，但张强却一点都高兴不起来，因为他发现机关里的工作很枯燥。上司给张强安排的是统计和整理数据的工作，这与他所学的专业根本就是风马牛不相及的事，而且这种工作非常琐碎，干起来十分累人。

张强是那种思维特别活跃的人，脑子里常常会有一些奇思妙想，但在规章条令严格的政府机关当中，他很少有发挥的空间。于是，张强一腔的工作热情都随着时间的流逝而慢慢消磨在那些枯燥繁琐的工作之中，他变得越来越消沉，工作上也不断出现失误，为此常常被上级领导严厉批评。

在这里工作几年后，张强原来的专业知识已经被他忘得一干二净，而现在的工作也没有做出应有的成绩。后来，在机关的一次人事调整中，他被迫"下岗"了。这时，张强才实实在在地认识到了当初没有为自己认真做好职业规划是多么愚蠢的行为。

他想，如果当初自己选择职业的时候没有盲目地想要找什么"铁饭碗"，而是制订出一份科学合理的职业规划，那么也许今天的自己就是另外一个样子了。

张强这几年在政府机关工作的经历无疑是一出彻头彻尾的悲剧，而这一切都要归咎于他没有认真去做职业规划，他盲目地认为所谓的好工作就是类似政府公务员一类的工作，忽略了自身的兴趣、天赋和专业等相关因素，结果亲手把

自己推进了火坑。

35 岁之前,你一定要对自己的整个职业生涯有一个清晰的规划,切不可像张强一样,糊里糊涂就选择了工作,又糊里糊涂地干了好几年。人的一生不过数十个春秋,经不起如此折腾,你的一时糊涂,很有可能葬送自己的大好前程。

所谓隔行如隔山,年轻人在选择工作的时候,要根据自己的特长来进行筛选。世界上没有样样精通的全才,你在一个领域有天赋,不代表在其他领域也有天赋。所以,找对职业,进入自己擅长的领域,将会对你的职业发展大有裨益。

黄继林是一家公司的财务经理,在业界有很高的知名度。2009 年,黄继林的堂弟李楷开了一家化妆品公司,经营得有声有色。李楷盛情邀请黄继林担任公司的销售部经理,却被婉言谢绝了。黄继林说,自己的性格比较平和、稳重,适合当财务,却不适合做销售。

可惜的是,不是每个人都有黄继林这么高的觉悟,在我们身边有很多人在选择工作的时候并不去关注这份工作是否适合自己。一些在某一领域做得相当出色的人,常受薪金、职位等的诱惑离开自己最为擅长的行业,投入另一看似诱人的职位。结果,这一职位往往不能为他们带来成功,相反很多人的事业还开始走下坡路。

有句话叫做"一招棋错,满盘皆输"。打个不恰当的比喻,假如你找了一个别人都说好但却不适合你的伴侣,那么你一生的幸福感绝对会大打折扣。尽管你可以选择离开她(他),但你曾经为此付出的时间、财力,特别是情感将会影响你的一生。盲目地找工作、换工作同样也是这个道理,在你频繁更换工作的过程中,损耗的不仅仅是时间和金钱,更重要的是会让一个曾经充满希望、抱有梦想的人失去信心和勇气。

在 35 岁之前,你应该擦亮自己的眼睛,用长远的眼光去审视自己,看清自己未来的职业发展道路。只有做好了合理的职业规划,你的人生才不会偏离轨道,你才有可能在事业上获得更高的成就。

兴趣往往是成功的基础

歌德说："哪里没有兴趣，哪里就没有记忆。"在职业生涯规划中，兴趣同样是重要的参考因素。

如果一个人从事自己感兴趣的工作，那么他就会倍加努力，即使工作再苦再累，也能保持心情愉快；相反地，如果让一个人去做自己不喜欢的工作，一天两天或许还可以，时间一长就会感到索然无味，工作效率也会大大下降。

兴趣是成功的重要推动力，它能将你的潜能最大限度地激发出来，使你长期专注于某一项工作之中，直到最终取得成绩。35 岁之前，你不仅需要找到自己擅长的领域，更要发现与自己的兴趣爱好相符的职业，如果你有幸找到了这样的工作，那么你接下来的职业前景就充满了光明。

查理·斯瓦布出生在宾夕法尼亚的一个山村里，他曾经只是一位卑微的马夫，但后来却成为了美国著名的企业家。

小的时候由于家里清贫，斯瓦布只受过短短几年教育。15 岁那年，他就孤身一人在宾夕法尼亚赶马车谋求生路。

两年后，他谋得了一个工作，每周只有 2.5 美元报酬。但他并没有计较薪水的多少，而是认真对待这份工作，将自己的兴趣完全投入其中。在这里，他努力地学习着技术，追求把每一件事情都做到尽善尽美，并且决不犯一些低级的错误。

没过多久，斯瓦布就成为了卡内基钢铁公司的一名技术工人，而当时他的日薪也只有 1 美元。尽管薪水依旧不高，斯瓦布却还是热爱自己的工作。他刻苦学习本专业的知识，并虚心向他人请教，每天都能获得一点进步。很快，斯瓦布就开始在公司中崭露头角，他先是被升任技师，紧接着又升任总工程师。

职位提高了，斯瓦布对待工作的态度却没有改变，他以积极的心态对待每

份工作,并试图从中获取乐趣。后来,他被任命为卡内基钢铁公司总经理。

刚开始的时候,没有人会想到他能取得这么大的成就——恐怕连他自己也没那么想过。他只是从一个平凡的工作做起,将自己的兴趣全部投入其中。他经常对别人说的一句话是:"我的兴趣就是不断追求自我价值的实现。"正是这种兴趣,让他没有在意工资多少,热爱每份工作,并努力做好每份工作,不断探求职业生涯的发展,并最终迎来了巨大的成功。

职业生涯是一次极其漫长的旅程,其中伴随着艰难坎坷,也伴随着枯燥乏味。在这条路上走得太久,你也许会感到身心俱疲、无力前行,这个时候你会发现兴趣是支持你继续走下去的最大动力。有了兴趣,你的身上就会产生出无穷的能量,鼓舞着你向着成功的方向不断迈进。

国外有一家研究机构曾经就兴趣对工作的影响做过一次调查,结果表明:如果你从事自己感兴趣的职业,你能发挥自身才能的 80%~90%,而且能够长时间保持高效率,不会感到疲倦;而你对所从事的工作没有兴趣,则只能发挥自身才能的 20%~30%。

兴趣对于成功有着至关重要的作用,那些建立在对工作和自身有深刻认识基础上的兴趣会指引我们不断向成功迈进。如果认识不到这一点,那么很有可能会因兴趣不明而遭遇严重的挫折。

2006 年,林娟在获得了心理学硕士学位后毕业。选择工作时,她并没有太多考虑,因为已经习惯了校园生活,所以她惯性地认为自己应该喜欢教学工作。于是,毕业后不久她就在一所学校找到了工作。

想法很美好,但现实往往很残酷。林娟没有想到,教师这一工作包含了很大一部分理论研究创新内容,这会严重影响到一个教师的职称晋升和职业生涯发展,而她在这方面并不擅长。教了 3 年书后,看到前途无望,林娟最后认定自己并不适合教师这份工作。

离职后,林娟把工作中喜欢及厌恶的因素都考虑了一遍,然后得出了一个结论——自己尤其喜欢跟人打交道，所以应该去找一份人力资源方面的工作。打定了主意后，林娟就开始四处找工作，后来在朋友的帮助下，她如愿以偿地找到了认为适合自己的工作。

然而，经过一年的工作后，林娟又发现人力资源的工作太枯燥无味，每天只是提供一些免费的咨询，这让她一直都提不起干劲来。因为对这份工作没有丝毫的兴趣，所以她始终都没有取得什么大的发展。现在，林娟又不得不面临工作的选择问题。

对于职业生涯的发展，林娟显然缺少规划，对于自身的兴趣，她显然缺乏全面而深入的认识。因为没有认清自己，没有搞懂自己到底对什么工作有兴趣，所以经过了4年的苦苦打拼，她依旧一事无成。

对于兴趣，我们显然需要进行更为深入的分析和了解，这样才可能找到其中对自己产生最大驱动力的因素。在研究当中，一般会根据兴趣发展过程所处阶段和程度的不同分为3个层面：

1.有趣

它是兴趣发展的低级水平。比如有些人今天想当一名歌星，明天想当一名商人，后天又想成为设计师，那他的兴趣可能更多停留在这一层面。故事中林娟的情形与之较为相似，她对兴趣需要更为深入的分析。

2.乐趣

乐趣又称为爱好，它是在有趣的基础上进行一定程度发展形成的，具备较高的稳定性，对于个体行为可以产生稳定的影响，是兴趣发展的中级水平。

3.志趣

如果再继续向专一化、深入化的方向发展就可能到达最终的志趣。兴趣达到这一层面，才可对职业生涯发展产生无比强大的推动作用。

兴趣决定职业发展的成败，所以每一个想要取得成功的人都必须明确自己的兴趣，看清自己的发展道路。那些成功人士，他们在各自发展的过程中都有强

烈的兴趣做动力,这样才能推动他们不断向着成功迈进。

对于一个刚毕业的学生而言,找到自己兴趣所在,特别是发现自己的志趣,也许不是一件容易的事情,需要经过尝试和选择,才能使所有内容渐渐清晰。但是,如果你在 35 岁之后还没有寻找到自己的志趣内容,那会是一种非常危险的情形。

合理规划,让成功事半功倍

一日之计在于晨,一年之计在于春。晨起之时,要在心中订好一天的计划内容,这样傍晚回家时,才能满载收获;春季之机,要在心中筹划出一年的劳作内容,这样才能在秋季到来时,内心因收获而满布喜悦。

要想获得成功,拥有远大理想和强大内心还不足够,你还需要为自己做一份现实的职业生涯计划。这份计划要面向未来,使我们的行为有更为明确的方向;这份计划也要切合实际,具备可操作性,保证我们每个阶段的工作都有章可循,保障事业能循序渐进地向着成功目标靠近。

有个年轻人,学业有成,并且志向远大,但是一连很多年都一事无成。于是,他决定向一位有道高僧请教,希望能从那里得到答案。

高僧明白他的来意后,并没有多说,只是递给了他一把壶,告诉他:"太冷了,先帮我烧壶水吧。泡杯茶,暖和一下,咱们再慢慢聊。"

高僧隐居大山中,条件简陋,厨房连根柴火都没有。年轻人先去外边找了些柴火,然后又灌上了满满一壶水,在灶里烧了起来。

因为冬季大雪道路难行,年轻人找到的柴火太少,没过多久就烧完了,水却还没有开。他不得不再次出去找柴火,等到找回来,壶里原先被加热的水已经凉了。

这一次,年轻人学聪明了,他没有急着去点火,而是继续去找柴火,等柴火准备充足,才开始点火烧水。可是烧了半天,水还是没有开,年轻人坐在那里焦急等待。

这时候高僧走了进来,拿起水壶,倒掉了一半。没过多久,水咕噜咕噜地开了,二人在屋里喝起了茶。

高僧问年轻人:"明白了么?"

年轻人若有所思地点点头。高僧接着说:"一开始你没有准备足够的柴火,后来又装了太多的水。其实,我们只需要两杯茶,只要倒掉半壶,我们很快就能喝上热茶了。"

高僧将禅理蕴藏于一件小事,为年轻人上了生动的一课。柴火好比是年轻人的热情与才华,他所追求的事业正如那壶热水。事业不成,犹如水壶里的水不开,这其中的原因只是他没有认真地做好谋划。

在西方管理学中,计划是作为管理五大功能中最重要的一个进行论述的,而对于个人来说,计划也有着举足轻重的作用。明确自己的目标,根据目标制订出合理的职业规划,这样才能迅速地收获成功。

小楠毕业后做过贸易工作,主要负责制订生产计划、跟单以及部分外销。工资不高,干了两年后她选择离开,跳槽到了一家新公司。这家公司的业务对象主要是江浙一带的小型制造企业,小楠在公司里主要负责采购和物流运输。

做了两年之后,小楠又有了变动工作的想法,不过这次她谨慎多了。在更换工作前,她找到了某职业顾问机构进行咨询,对自己的发展方向有了明确的认识。小楠属于外向型性格,喜欢和人打交道,因此她打定主意做贸易和出口方面的工作,她的理想就是将来开一家属于自己的贸易公司。

因为贸易公司需要资本,自己又太年轻,没有什么积蓄和人脉储备,所以这一次小楠没有急于跳槽。她先有意地积累人脉关系,为自己将来的事业做好准备,同时又把自己的父母接到城里开了个水站,进行资金上的积累。半年后,小楠与朋友一起用业余时间搞产品销售代理赚取外块。

3 年时间一晃就过去了,小楠终于如愿以偿,开起了自己的公司,她利用积累的客户资源,掌握了丰富的国内产品信息,同时利用自己以前外贸工作的经验和渠道,在供销之间搭起了一架桥梁。虽然刚开始时业务规模很小,但显然她已经走在了正确的道路上。

小楠有过两次跳槽的经历,第一次显然太过随意了,相对而言,第二次她考虑得就很周全。她参考了咨询公司的建议,明确了自己的目标,并且为这一目标做好了各个环节的准备——让父母为自己提供支持,有目的地选择跳槽公司,最终在一切准备就绪的情况下,选择离开公司自主创业。

通过小楠的例子,我们更加清楚职业规划对个人发展的重要性。那么,在职业生涯规划的设计中要注意什么呢?总体说来,有以下两方面需要注意:

1.准确认识自己

要认清自己的能力,如表达能力、分析能力、解决能力、执行能力、人际交往能力等。只有认清自己的能力,才能以此为基础,制订合理有效的计划。在能力定位过程中,既不能太低,又不能太高。太低,就会"委屈"自己,太高,可能面临过大的压力。

2.明确职业定位

在职业定位中,最关键的是制定所要实现的职业目标。制订好目标,就可以以它为依据,再制订一步步的分计划和分目标,并指导自己一步步向终端目标迈进。在寻求目标的过程中,一定要结合自己的兴趣方向,这样才能使目标更具有前瞻性。

没有计划的行动会混乱无序,缺少计划的职业生涯,会费尽心力却依然找不到最终的方向。一份完善而又具体的计划,会使我们的工作变得快乐而有效率,并能使我们不断向自己所设定的事业终端目标靠近。

对于一个年轻人而言,他的计划也许还并不完美,需要经过尝试和调整,才能使自己的计划逐渐完美。对于一个已逐渐步入中年的人来说,他对环境、自己以及未来的认识应该是清晰而成熟的,他的计划也因此更加具有执行力。

　　35 岁之前,一定要在自己胸中布局出事业发展的恢弘蓝图。这就要求我们要对自己的职业生涯作出合理的规划,要对自己的兴趣有明确认识,寻找到可以推动自己不断前进的志趣内容。有效而合理的计划内容,能推动我们面向自己设定的目标大步前进。

眼光 11　看穿职场法则，做个明白人

游戏有规则，职场也有法则，想要在职场出人头地，就不能对这些法则置若罔闻。违反了游戏的规则，你会被直接踢出局；同样，违反了职场的法则，你也难在其中有什么发展。要想于职场中获得成功，首先要做的就是看穿职场的法则。

看穿工作的本质，工作是为了自己

一个刚入职的新人，在做第一份工作前，必须问自己这样一个问题——你究竟为谁工作？如果他只是简单回答工作是为公司创造效益、为老板赚钱或者为自己赚取一份工资，那么他就可能永远不会积极主动，而工作也不会回报给他一份丰厚的物质收获和快乐的心情。

对于一个 30 多岁，已经有了一定社会经验的人来说，他心里必须明白"究竟为谁工作"。工作不仅仅是为了公司，不仅仅是为了老板，更多的是为了自己。

个人的发展与公司的成败紧密相连，个人的利益与公司和老板的前景绑在了一起。当一个人真正认识到个人与公司之间的密切关系，他才会将全部精力投入到工作之中，仔细对待每一项工作。最终，在公司受益的前提下，自己也会得到应有的收获。

大学时田歌学的专业是会计,但进入公司后却当上了人事专员。在入职后的两年里,她在每一个岗位都做得有声有色。在职场前进的道路上,她是一路绿灯。

只有田歌自己心里清楚:是自己全心全意对待工作的态度才换来今天的成功。

刚到公司,她只是人事部一个不起眼的文员。这里人才济济,田歌心知自己与他人的差距,只是用心做好自己的工作。她对工作恪尽职守,把公司的工作当成是自己家里的活一样认真去完成。领导分配任务,她总是竭尽全力在第一时间把工作做得无可挑剔。当别人抱怨工作百无聊赖时,她悄悄熟悉公司的各个部门、产品以及主要客户的情况,以求能尽快摆脱“新人”的帽子。

一次,营销部经理经过田歌的办公室,发现这名新员工处理事情十分仔细和认真,就向公司打报告要求她去顶部门的一个空缺。

来到营销部后,田歌的职业生涯迎来了转机,她仍用同样的态度对待工作,以一个家人的身份看待自己和公司的关系,在岗位上默默作出自己的贡献。半年后,几份扎实的调查分析报告,为她赢得了一片喝彩。没过多久,她就又迎来了升迁。

一个刚参加工作的新人,没有什么拿得出手的优势,那不如像田歌一样,以认真的态度去对待自己的工作,把公司看做是自己的家。如果能秉持这样的态度,那么对待工作就会更加积极主动,会把完成工作当成是自己生活的一部分。最终回报给你的是自己职场路途的一帆风顺。

如果一个人能将自己的全部牵挂都寄托在公司中,那么他会为公司奉献自己全部的力量,公司带给他的感触也是最为舒适的,这种情况对双方都是最为有利的。如果一个人的心已经不在公司,在他的眼睛里,已经布满了偏见与怨恨的沙子,那么他留在公司对谁都没有好处。

对于一个 30 多岁的人来说,如果他能理顺自己与公司之间的关联,相信他

的工作情况就会变得顺利,距离他事业的目标也会更加接近。如果他还不能把所有的关系理顺,就像一个刚进入职场的年轻人,不知如何处理好自己与公司的关系,那么就要尽快把这一问题解决,因为它对一个人的事业产生的影响是如此深远。

忠诚往往比能力更重要

人们在成长的过程中,总是着力培养各种能力,例如表达、交流、分析等能力,却往往容易忽视最易为人们所获得,而又有着强大作用的"忠诚"品质。

对于一个 30 多岁的人来说,他的记忆中已经记载了许多内容,他对忠诚的认识,应该比常人要深刻许多。与能力相比,一份蕴藏于内的忠诚品质,显然有着更为强大的作用,它可以博得老板的青睐,它可以让他人对自己寄托以信任,它也可以为自己事业的成功开启一道便捷之门。

曾经有一个财主,有一天他要出门,他召集了家里的两个仆人,告诉他们:"我要出一次远门,这里有两个袋子,里边是两份数量不同的银子,你们每人挑选一袋,可以按照自己的方法去经营,等我回来的时候,向我汇报你们的情况。"第二天财主离开了。

第一个仆人,挑选了一个最大的钱袋,打开一看,里边装了 1000 两银子。

第二个仆人,只有选择那个最小的袋子,里边只有 200 两银子。

第二年春天的时候,财主回来了,他把两个仆人叫到了身边。

第一个仆人说:"亲爱的主人,我用 1000 两银子在秋天的时候购买农民收获的稻米,冬末春初的时候,又卖给他们,我一共赚了 500 两。"

第二个仆人打开了一个包得严严实实的袋子,恭恭敬敬地对财主说:"尊敬的主人,您交给我的 200 两银子都在这里,一两也没有少。您离开后,我把它埋了起来,等您回来,我把它又挖了出来。"

　　最终的结果是,财主赶走了第一个仆人,第二个仆人却被升为财主的管家。原来,财主经过了解后知道,今年春天大旱,粮食价格高涨,第一个仆人一共赚了 1000 两银子,他自己私吞了 500 两银子。财主这样做的目的只是想选择一个称职的管家来管理自己的钱财,显然第二个仆人是最为适合的。

　　一个企业的生存和发展需要两个因素:一是少数精英的能力和智慧,二是绝大多数员工的忠诚和勤奋。那些不愿踏实工作的员工,工作中总是朝三暮四,在公司老板的眼中,哪怕他有多么非凡的能力,哪怕他有令人惊艳的才华,都不会产生任何的吸引力。所有的能力只有在忠诚的基础上才能获取到展示的平台,如果没有忠诚的根基,这些能力就没有任何的意义。

　　一位资深人力资源部经理这样说过:"当我看到一名申请人员简历上写着一连串的工作经历,并且是在短时间内频繁变换的时候,这个人在我心中的印象就会大打折扣,这只能说明,这位员工没有对工作的忠诚感和负责任的态度,而这是任何一个岗位都需要的内容。"

　　丹尼尔·李特是美国一家电子公司的工程师。这家公司规模虽然不大,但在行业内有着良好的口碑。

　　一天,比利孚公司的技术部经理邀请丹尼尔共进晚餐。吃饭的时候,说出了他的真实目的:"你能把公司新产品的数据拷贝给我吗?你会得到很好的回报。"

　　丹尼尔是一个温和的人,但他这次显然愤怒了:"不要再说了!虽然公司处境不是很好,但我绝不会出卖自己的良心的!"说完后,他离开了。

　　那位经理眼见这种情况,急忙缓解气氛:"好好好,别生气,这事当我没说过。"但丹尼尔并没有领情。

　　不久之后,丹尼尔所在的公司因为经营不善破产了,他失业了。在最沮丧的时刻,他突然接到了比利孚公司总裁本人的电话。

　　丹尼尔来到比利孚公司,接待他的是比利孚公司的总裁本人。更意外的是,总裁拿出一张正式聘任书——聘请丹尼尔·李特做技术部经理。

他惊呆了,喃喃地问:"这不是一个玩笑吧?我刚刚失业,并且这是一个非常重要的工作。"总裁哈哈一笑,说:"原来的技术部经理退休了,他向我特别推荐你。你的技术非常过硬,对于企业而言,忠诚显然对我们更为难得而可贵。"

在战场上,与一个能力卓越而不可信任的将军相比,人们肯定会偏向一个能力普通,但却值得托付、信任的将军。因为,谁也不能保证,在关键的时刻,那位能力卓越的将军会不会调转枪口朝向自己的人民。

对于一个性格成熟的人来说,忠诚显然有着比其他能力更为耀眼的光芒,不论其处在什么样的岗位,也不论你从事什么性质的行业,如果能被他人所信赖,那么相信你的事业必然会顺利许多。正是因为许许多多有长远眼光的人认识到了这一点,所以他们才会不断寻求在社会中建立并维护好自己的声誉。

尽量别让老板对你失望

在职场之中,期望是一个很重要的因素,当你被人所期望的时候,特别是被老板所期望的时候,那么可以说,你的机会来了。你要好好把握并珍惜、利用机会,展示出自己的才华和能力,这样你才有获取升迁与被委以重任的可能。

但被期望又是一件非常危险的事情,因为期望所带来的是一把双刃剑,处理不当就会伤害到自己。

对于刚入职的年轻人而言,要学会如何完美处理工作中被给予的期望,经常要付出一些代价,才能使自己变得更为成熟,才能更好地应对别人对自己的期望。而对于一个成熟的中年人而言,应该有能力去判断工作中的各种情况,清楚应该以什么样的方式,调动什么样的资源,去完成老板交代给自己的任务。当然,所有努力都不会白白付出,当老板得到一份满意答复的时候,你的升职就近了。

小李的老板给他突然布置了一个紧急任务,并且要求 3 天后就来亲自验收。小李当时就困惑了，因为自己手头已经有一个工作正在进行，并且也很紧急，权衡之后，他决定先把手头的活干完再做老板交代的工作。

没想到，第二天老板一时心急，就来找小李询问工作进展情况，小李一时不知该如何应对，支支吾吾地把情况说了出来。

老板一听小李还没有开展工作，顿时就火冒三丈："这项工作昨天我亲自布置给你，这么重要的工作，你还没有开展，你到底是什么工作态度？"老板一时生气，说话时有些失态。

小李和老板争吵了起来，辩解道："我原本手头就有工作，并且我计划明天就去完成你交代的任务。"老板大怒："手头有紧急工作你不早说？我布置给别人不就完了吗？鼻子底下长个嘴，你不会问啊！我还真是头一次碰见像你这样的员工！整个一闷嘴葫芦！我看你还是回去另谋高就吧！"两人争吵越来越厉害，结果不欢而散，小李就这样被"炒了鱿鱼"。

说实话，小李的工作丢得冤枉，因为从本质上来说，他没有犯任何错误。从一定层面来说，还可以追究老板工作安排不当和处理冲突不恰当等因素。但社会是现实的，小李更应该从自身去寻找原因。被老板寄托以希望的时候，一般都是老板给你信任的一次机会，特别是很急或是很重要的工作，对你的期望也就越大。

对于这种情况，我们应该权衡利弊，去把握这次机会，如果实在在自己能力范围之外，就以明确的态度对工作表示拒绝，那最多也就得到一句抱怨，对工作不会造成什么坏的影响，我们还可以积聚力量，等待下次机会的到来。如果认为自己可以胜任这次工作，或者经过努力后有成功的可能，那么我们就要好好把握，并努力促使事情成功，即使完成后老板没有多说什么，只是浅浅地点了一下头，那你所获取的信任也已增添许多，而这对于你工作的开展和职位的晋升，无疑有着巨大的推动作用。

王磊在外企工作，他的上司是个美国人。刚来的时候，王磊因为对外企不是

很熟悉，遇事总会推脱。几个月后，王磊忽然发现自己成了上司眼中的"边缘人"。许多事，宁愿延迟，也不交给他，交给他的都是些琐碎事务。

王磊敏感地意识到了自己所遭遇的职场危机。外企是不会养闲人的。王磊向老员工虚心请教，讲述了自己的情况。老员工告诉他，他们只是简单以"Yes"或"No"来回答，不会进行掩饰。

王磊明白后，及时调整了自己的方式，每当有工作要交给自己处理时，他都会愉快接受，然后说一句"OK！我一定会尽快办好！"王磊所遭遇的职场危机，自然也就平安渡过。

领导的判断非常重要，而这种判断就要来源于领导与我们的有限接触，我们要利用好这有限的机会，开拓出职场的光明前景。当上司交代一份工作的时候，他希望得到的是最后完成的结果，并不需要什么理由和解释，否则，你就会被贴上"不符合这个职位"的标签。

对于一个职场中人，一定要练就一身钢筋铁骨的本领，要"火眼金睛"地抓住眼前的机遇，建立起领导对自己的信任，并寻求更大职责的可能，这样才能让自己在职场当中左右逢源，如果我们总是错失这样有限的机会，恐怕就要一败涂地了。

永远不要试图推卸责任

许多人有个坏毛病，不习惯于承担责任。有利益的时候，人们会一拥而上，疯狂争抢，但是，到了承担责任的时候，人们则多会装聋作哑。但在职场之中，这样的性格倾向对于你工作的开展却是极为不利的。

对于一个年轻人来说，也许还有机会、时间去学习、摸索自己所应承担的职责内容，对于一个成年人来说，如果不能认识到工作责任对自己事业认可与发展的作用，每天还在得过且过，随遇而安，那他的职场处境一定非常危险了。一定要将自己的工作与责任紧密相连,树立起强烈的责任意识,这样我们才能在职场拼搏中站稳脚跟,才能取得各种各样的成就。

李玉是一家报社的编辑。报纸每天都有大量的稿件编写和编排任务,出现一些错误在所难免。有一天,工作中出现了一个重大错误:由于需要临时撤换稿件,时间紧迫,李玉一时疏忽,一篇重要文章的标题与文章内容严重不符,他就这样交给了编辑部主任。

报纸印出来的第一天,严谨而且威严的报刊主编在编辑部会议上大发雷霆,对编辑部主任韩立批评最为严重,当众宣布扣发韩立 3 个月奖金,其他相关编辑扣发 1 个月奖金。韩立一时满脸通红,不知该如何应对。

事实上,在杂志付印的前一天晚上,由于加班很晚,本应负责这篇文章的编辑因有事临时请假,让李玉帮忙编审稿件,凑巧又赶上了临时换稿。到晚上 12 点,他才把自己的工作忙完,慌乱中匆匆做了标题就递给了主任。第二天,主任赶时间,也忘了修正,最终才导致这个错误成为事实。

没有太多犹豫,还没等主编说完,李玉就站了起来:“主编,这篇稿子出现问题,责任全部在我,是我不够认真才导致严重错误,和韩主任没有关系,我愿意承担全部责任!”正在气头上的主编吃惊地看了看李玉,语气忽然缓和了很多,淡淡地说了一句:“小李,以后一定要注意啊!”这时候,韩立主任非常惊讶地看着李玉,嘴角动了几下,但没有说话.

会后,主任韩立把李玉叫到了办公室,说:“小李,谢谢你啊,这个事情我也有责任,你刚毕业不久,薪水不多,扣除的奖金我替你交了吧,以后咱们都要注意啊……”

从此,每逢有重大选题,或重要人物采访,还有一些广告客户联谊活动,主任都很乐意带李玉一起出席。

可以看出李玉是一名有心的员工,坦承一份错误的背后,是团队对你的信任,是领导对你的赏识,是大家对你的认可。有这种品质和气魄的人,相信在危

难时刻,关键时机,人们都会将目光聚焦到你身上,等待你的分析与意见。从此,李玉的职场生涯必然顺利许多,与有同样能力的员工相比,他就获取了更多的机会。同时,在总编的印象中,也会留下一个勇于承担责任的形象,在一次惊叹之后,一定还会有持续的关注。

对于责任,我们需要更为深入而透彻地认识,有全面的了解之后,才能将责任感带到我们的工作之中。

美国西点军校认为:没有责任感的军官不是合格的军官。在美国历史上,它不仅为美国培养了数不尽的军事人才,它的毕业生还活跃在政治和商业等其他行业。西点文化,已成为美国主流文化的一颗璀璨明珠,人们敬仰它,崇敬它,尊重它,在这份感情之后,人们认可的是西点性格中的这份责任感。

大庆"铁人"王进喜当年的名言:"哪怕少活 20 年,拼命也要拿下大油田。"他的话语激励了整整一代中国人,即使在今天听来,也能依然让人激情澎湃。当时,面对大庆的恶劣环境和种种极其不利的客观条件,王进喜完全可以找出许多借口来安慰自己,但他却积极去改善环境,创造条件,率领他的钻井队,创造了震惊世界的奇迹。

一个人性格中责任感的强弱,决定了他对待工作是尽职尽责还是浑浑噩噩,最终决定着工作成绩的好坏。一个有责任感的员工,完成自己分内工作后,在性格的驱动下,还会探求如何促进公司的发展。公司也会为拥有这样的员工而骄傲,也只有这样的员工才能够得到公司的信任。只有那些勇于承担责任并具有很强责任感的人,才有可能被赋予更多的使命,才有资格获得更大的荣誉,因而更加接近成功。

责任感会成为我们战胜诸多困难的强大精神动力。它使我们有勇气排除万难,甚至可以把"不可能完成"的任务完成得相当出色。如果失去责任感,即使是做自己最擅长的工作,也照样会做得一塌糊涂。千方百计找各种理由推卸责任只会让我们失去自己应得的,而承担起自己的责任则会让我们得到不少额外的收获。

　　"能力越大,责任越大",但是,"责任越大,能力也会越大"。性格中拥有责任意识之后,就会想方设法获得这种能力。有这一动机驱动,在生活工作中,我们就会去寻找方法不断锻炼自己的能力,不断增强自己的能力。

　　当责任感成为一种习惯,成了我们的生活态度时,我们的性格就会最终纳入这一内容,而这样的性格对于职场拼搏显然有着最为重要的决定作用。

　　对于一个 30 多岁的人来说,生命已经处在顶峰阶段,事业也在渐渐步入高峰,如果他还不能看清楚工作与自己的紧密联系,还不能认识到忠诚对于工作的重要,不能很好地处理老板对自己的期望,不能意识到责任对自己职业生涯发展的作用,工作状态仍是每天碌碌无为,得过且过,那只能说你是未来的被淘汰者了。

　　趁着我们还年轻,我们要学会洞悉这些职场的规则,要能掌握这些规则,为自己铺垫出一条通往成功的道路。

眼光 12 看出机遇,机会只垂青有准备的人

机遇可贵,有的人一辈子可能也就有过那么几次机遇,看见了并且抓住了,很可能就此一步登天,实现人生的飞跃。那些没发现,没抓住的,只能坐在那里徒呼无奈。机会只垂青于有准备的人,所以你要随时关注身边可能的机遇。

机遇意识是人生的关键能力

闯荡天下,谁人心中没有一份对未来的构想,但现实却往往不像人们想象的那样,有人事业飞黄腾达,有人却总摆脱不了低迷状态。对于两者的不同,有些人能比较分析,发现其中的原因,并寻找到改善途径,而有些人却只是不停抱怨命运对自己的不公,依然在原地踏步。

我们在阅读那些伟人的生命轨迹时,总会发现机遇在其中所起到的不可替代的作用。得一机遇,纵使此人无过人之处,事业也可从此平步青云;失去机遇,纵使他豪情万丈,满腹经纶,但最终只能指天骂地,抱怨时运不济。

我们一定要培养机遇意识,才能为机遇的到来作充足的准备,当机遇到来的一刻,才能将机遇抓在手中,收获成功。

发大水,一个人被水冲到了一棵树上。水势没有减缓的迹象,情况十分危急。他此时心中正在虔诚地向上帝求救,他相信上帝会来救他的。

过了一会儿，一块大木头漂了过来，但他无动于衷，因为他相信上帝会来救他的。

又过了一会儿，不远处经过一艘救援皮艇，他没有呼救，因为他相信上帝会来救他的。

不久，一架救援直升机从头顶呼啸而过，他仍然没有求救，他还是相信上帝会来救他的。

最终，他如愿以偿见到了他所热爱的上帝。他满怀愤怒，质问上帝："我对你如此忠诚，在我面对死亡的时候，你为何不来救我？"

上帝十分无奈地耸了耸肩，回答道："我先给你派去一块木头，又给你派去皮艇和飞机，你都不愿上去，这怎么能怪我呢？"

故事有些夸张，但却是反映出我们大多人身上所拥有的特点，只要今日衣食俱安，就不去探求明日发展的可能，最终自己错过发展的良机。

对于有事业目标的人而言，他应该有明确的机遇意识，将"一等二靠三落空"转变为"一想二干三成功"，这样才能把机遇改变成为推动自己事业不断发展的强大动力，推动自己不断前进。每一扇机遇大门后都有一个守门人，你要准确而主动地临门一脚，才能使自己完成破茧成蝶的转变。

法国有个叫吉麦的画家。一天，他在画画，妻子在旁边洗衣服。吉麦画完了画，随手一甩，画笔上的蓝颜料溅到了妻子晾在一旁的白衬衫上。妻子非常生气，一边抱怨，一边又重新洗了这件衣服。

但她怎么洗，衬衣上的蓝色总洗不干净，最终只好无可奈何地把它晒起来。

没想到，这件白衬衣干了后，却比原来更洁白，更鲜艳。吉麦不清楚这是怎么回事，第二天他又故意这样试了一次，结果情形相同。

作为艺术家的吉麦，很快就明白了原因：这是人们的错觉造成的，白色中渗入少许蓝，人的眼睛看起来会觉得更白。

但故事并没有因此结束，吉麦把这种能使白衬衣更白的淡蓝色颜料，命名

为"可以使衣服洁白的药",拿到市场上去出售。借助他的大力宣传才能,这种"药"竟出人意料地畅销。

首先要赞赏的是吉麦的探求精神,出于艺术家的职业习惯,他对生活总是进行细心观察与思考,我们生活中普通的一件事情,他却想要探求背后的原因,并通过实验、思考,最终明白其中的规律,这份探求精神是十分可贵的。他非常敏感地意识到其中所蕴藏的市场潜力,并具体实施,把这一结果转化成具有市场价值的产品,最终获得市场认可,而自己也获取了可观的收益。

机遇是人生发展的关键,有些人能抓住机遇,有些人却不能抓住机遇,根本原因在于这个是否有一种机遇意识,无机遇意识的人,绝对不可能成功,有机遇意识的人,才有走向成功的可能。

机遇意识中,包括一份对机遇的认识:认识到它是事业跃升的一个平台,同时还要认识到它是对自己的一次挑战,只有施展出自己全部的才华和能力,才能应对机遇的出现,才有可能最终把这次机遇转换成对自己事业的推动力。

对一个刚入职的年轻人来说,还会有许多的机遇,但对于一个 30 多岁的人来说,命运所给予我们的机遇已经非常有限,此时更要为机遇的到来做好充足的准备。一切似乎都在等待,机遇大门打开的一刻,我们就可书写出最为绚烂的人生篇章。

擦亮眼睛,寻找生活中的机遇

机遇对于自己事业的发展有如此重要的作用,但为何有些人总是等不到机遇的出现呢?在这种情况下,你是否会抱怨幸运女神从不眷顾?是否只是在唉声叹气地感慨他人所获取的财富?你是否思考过自己可能缺乏一双寻求发展机遇的眼睛?

也许因为世事繁杂,我们的眼睛已经变得浑浊,思维变得钝滞,对生活缺乏一份激情。如果真是这种情况，我们不如重新整理一下自己的思维，调整好自己的态度，以不同的角度去看我们的生活，也许会因此而获取到不同的机遇。

在经济学中有一个非常著名的事例，两个推销员在不同时刻到一个岛上去推销鞋子，一个人回来后，悲伤地说："真糟糕，那里的人不穿鞋子。"而另一个人回来后，却兴高采烈地说道："天啊，那里的人都不穿鞋子。"

你是一个不能发现市场的"抱怨者"，还是那个能寻找到一个全新市场的"开拓者"？如果我们能从传统的思维模式中转换出来，换一种角度看待当前的问题，也许在我们的眼中所呈现出的世界的模样就会不同；我们更可能会因此发现蕴藏在生活中的契机，事业也会因此而转变。

日本某著名企业家之所以能取得成功，事业达到如此高度，和他那双善于发现的眼睛有着直接关系。

当他还是一个职员的时候，在一个日化公司工作。一天早上，他因为要赶去上班，所以急着刷牙，结果牙龈被刷出血来，他非常恼火，到了办公室，还和同事提起了这件事情。

他是一个喜欢钻研的人，他想能不能寻找到一种更轻柔的牙刷来刷牙？他和同事们一起探讨，并进行了不少尝试，但最终并没有取得预期的效果。

后来，有人提议将牙刷的刷毛进行改革，为大家开拓了思路。在放大镜下，大家才发现：那些牙刷刷毛的顶端并不是尖的，而是四方形的。

"难怪会伤牙龈。"他想，"磨成圆形，是不是就不会损伤牙龈？"他和伙伴们进行了尝试。经过试验，大家发现效果改善很多，也基本不再出现牙龈出血情况。他们最终向公司反映了这一情况，并提出改进的建议。

最终公司采纳了他们的建议，经过论证，将产品推向市场。这种新式牙刷，不仅受到消费者喜爱，还获得专家的赞同，经过媒体宣传，连续畅销 10 年。

他被赏识，也获得了晋升，最终被任命为公司的董事长。他和他的团队，借助他那双善于发现的眼睛，不断为公司发展产生出强大的推动力。

从普通职员到公司的董事长的道路是艰辛的，注定充满坎坷，而这个人正是凭借他那双善于发现的眼睛，开启了事业发展的大门，推动他不断向着自己事业的高峰前进。

同样是生活的一个小事情，在我们自己看来也许是微不足道的，却可以引起他如此深入的思考，并投入精力去探究其中原因，最终依据自己所获得的结果，为公司发展带来全新的发展前景。最终，他事业的发展也是以超过常人的速度前进。

在当代职场中，竞争激烈，一个行业，很快就会涌入数量众多的竞争者，使得自己所拥有的优势不再凸显，不得不以低价策略去换取市场的占有率和企业的发展。在这种情况下，我们不如换种眼光，时时寻找到市场中的全新商业契机，把它们转化成现实的生产力，并能时刻保持住这种创新意识，从而保证自己的创新不被他人模仿和超越，那么相信，这对于公司发展，能形成最大的推动力，对于个人事业的发展，也能起到最有力的促进作用。

小张在广州一家外贸公司工作，他因为总能根据市场发展情况，对公司的经营策略提出合理建议，因此得到领导重视，事业也得以一路顺畅。

当金融危机发生的时候，他果断建议公司减少外贸出口。当金融危机爆发时，国内公司遭受巨大损失，而他的公司却避开了这场危机。

现在小张又在建议公司将业务往来逐渐转到非洲等一些贫穷落后的国家。公司又再次采纳了他的建议，对公司策略进行了调整。小张自己也因此被提拔到总经理助理的位置。

当被问道为什么他总能预见到未来的发展趋势时，他腼腆地笑了笑："其实也没什么，我就是喜欢关注一些政策信息，并且喜欢分析，最后联系到自己工作的情况，也就能提前做出一些准备了。"

处在职场之中，要透彻自己所处的环境，要能预见将来发展的趋势，这样当机会到来的时候，就能很好把握了。

机遇太少是一种情况,但机遇太多也会让人们乱了手脚,一时不知道该如何选择。要具备"火眼金睛"的本领,能够在生活所提供的各种机遇中进行选择,找到最适合自己的那一个,才能不为生活的绚丽色彩所迷乱心神,而使事业发展朝着最有效的方向前进。

丰富自身阅历,方能发现机遇

机遇的出现有时候也不需要绚丽的外表,不需要机缘的巧合,它就蕴藏在日常工作的细节里,存在于日常工作的重复中。如果一个人能把自己的工作尽善尽美地做好,机遇也可能因此为你开启一道通向成功的大门。

对于普通人而言,日复一日地重复工作,有时候难免感到厌倦,产生排斥的情绪。而这种情绪所产生的影响,又会使我们偏离事业发展的轨迹,有时因此错失自己跃升的良机。

那份原本就存在的机会,就蕴藏在普通的工作之中,如果能以谨慎认真的态度去对待,我们工作的开展可能会因此顺利许多。设想一个人总能认真对待工作,能够把工作的每个环节做好,那么他又怎么会干不好这份工作?他的事业又怎么会得不到提升呢?

对于一个刚离校的年轻人来说,浮躁的性格,使他学不会如何仔细地去面对每份工作内容,他们的性格还需要更多磨炼,才能更加沉稳。但是对一个 30 多岁、有着丰富人生阅历的人来说,他必须认识到稳重性格的必要性,才有可能使他获得平凡中所隐藏的机会。

王永庆是我国台湾地区著名的企业家,他是台塑集团创办人,被誉为台湾的"经营之神"。最开始他经营的只是一家小的米店,他正是靠着这家米店才淘到自己的第一桶金,也为后来事业的发展奠定了平台。

小店刚开张时,生意不好,隔壁的日本米店具有竞争优势,而城里的其他米

店又拴住了许多老顾客。

不过，16 岁的王永庆展现出了超强的营销能力。他不仅挨家挨户上门推销自己的大米，还免费给居民掏陈米、洗米缸。此外，当时大米加工技术比较落后，出售的大米掺杂着米糠、沙粒和小石头，买卖双方也大多见怪不怪。王永庆在每次卖米前都把米中杂物拣干净，买主得到了实惠，一来二往便成了回头客。

起初王永庆的米店一天卖米不到 12 斗，后来一天能卖 100 多斗。

在米店的经营中，王永庆并不具备什么优势，在市场中还受到日本米店和一些老店的排挤，按说在这种情况下，他应该很难获得发展，但是就是在这种发展的困境中，他把米店经营的每个细节做好，设身处地地为他人考虑，最终所换回的，是自己事业的顺利开展，自己也走上了通往成功的道路。他正是凭借这份工作中的扎实态度和对别人的体谅，才获得了业界"经营之神"的称号。

机遇的出现，有时候，就蕴藏在我们的阅历当中，在一份平淡之中，在一份反复中。有时候，不需要我们冥思苦想出什么超人的计策与方法，也不需要跳跃足够的高度以吸引人们注意，只是平平实实地做好每一份工作，并在工作中设身处地为他人考虑，行人方便，自己也方便。当大家都认识到你是这样一个勤奋而值得信赖的人时，对于事业的发展也就铺平了道路。

一天在课堂上，教授拿出来一个玻璃箱。箱子里有一只白鼠，在箱子的上方悬挂着装满了栗子和山芋的篮子，在通往箱子的方向，悬挂了两根木棍。

教授说道："这是一只饿了 3 天的白鼠，它显得很惊慌失措，不过，它没有我们想象的那么聪明，寻找不到突破口。"教授转身端来一盆水，"哗"地倒进了玻璃箱。那只老鼠漂在了水面上，沿四壁乱窜，但它却爬不出去；最后，它发现了木棍便小心翼翼地顺着木棍爬到半空。

这时教授又拿出一个点燃的酒精灯，移到老鼠下方。热气袭来，一颤之后，老鼠只能向上猛蹿，在学生的一阵欢呼之后，老鼠发现了最后的篮子，片刻之后，它开始饱餐起来。

教授说："好了,实验完了。这是我的最后一堂课,你们就要走向社会,你们就像那只饥饿的白鼠,想要寻找自己的机会,但它就在一个你们找不到的地方,平淡的生活,会让我们经常陷入的困境之中,但正是在平淡当中,我们才能不断发现其中所蕴藏的路径,最终收获你们自己的果实。孩子们,去自己体味你们的生活吧,阅历你们的生活吧,祝愿你们也能取得你们事业的成功!"学生们再次欢呼。

罗马城不是一天建成的,我们的人生阅历也不是可以在一天中累计完成的。不断地实践,不断地思考,思考我们的工作内容,寻找如何才能做好的途径,才能使我们经历事情之后,最终成为一个阅历丰富的人。丰富的阅历,是人生一笔无价的财富,有了它,机遇自然会和你不期而遇。

机遇只偏爱有准备的头脑,机遇的每次到来,对于一个人来说,都是一次严峻的挑战。它不仅需要你有坚实的知识功底,需要你有卓越的把控能力,更需要你在看到机遇的时候,能够拿出拼搏和应战的勇气,而所有这些内容,都需要我们在阅历当中逐渐累积和磨炼,这样才不会让机遇在自己面前白白溜走,让它在关键时刻与自己擦身而过。

对于 20 岁出头的毛头小子来说,机遇的到来所带来的最终结果,可能往往是错失与遗憾,因为此时的自己还没有那份机遇的意识,还没有一双精明的眼睛,还没有丰富的阅历能把握这次机遇。

对于一个五六十岁已快步入迟暮之年的人来说,机遇的到来,可能只是一份惋惜与无力,即使他能明白所有,但是他已经没有那份把握机遇的激情与力量。

只有 30 多岁正处壮年的人,身体和智力都处在人生的最高峰,意识中认识到机遇的重要性,已能分辨众多是非。此时机遇的到来,对于你便如黄金般的珍贵,我们应好好利用这些机遇,去实现自己事业的辉煌梦想。如果不做这些,又怎能对得起这世界所给予你的宝贵生命?

眼光 13　看准升职途径,有眼光才能有发展

升职,靠的不仅是努力,更是眼光。公司中那么多人努力工作,凭什么就你一个人升职,别人都只能原地踏步?很显然,如果你不具备看准升职途径的眼光,那么就不会先于别人出人头地。

想当领导,就要像领导一样思考

没有人不想当领导,不想成为将军的士兵就不是好士兵。

但是对于这份向往,有些人只是把它当成了一份想象,每天就在家里等着天上掉馅饼,幻想自己突然间会被提拔重用,然后设想美梦成真后的种种美好。稍稍有点理性的人都知道,单位的升迁不会没有任何原因,如果公司真那么做了,那只能说是管理不规范,这样的公司也不会有什么发展。

有些人,则会想方设法去寻求领导的好感与认可,阿谀奉承,巧言令色。可最终的结果,职场升迁的那个人却总是他人,而轮不到自己,只能在别人的欢笑声中,对自己的上司满怀怨恨。他却没有反思,自己所设定的升职路径是否合理,自己是否真的为领导所敬佩和欣赏。

想要成为领导,首先要学会像领导一样思考。

去思考这个岗位的职责,去分析这个岗位所提出的能力要求,把现在的自己和最终领导的目标之间建立一条联系的曲线,看看自己具备什么样的特点,有什么样的长处,又存在怎样的不足,又该怎么去改正和进步。当所有内容都准备好之后,那情形对你来说,只能是以布裹锥,其芒必出。

美国某财团提出要与卡内基联合经营钢铁产业。当时许瓦布出任卡耐基钢铁公司董事长,他向老板安德鲁·卡内基汇报了这一情况,不过卡内基没有理会。该财团负责人扬言要与卡内基的对手合作,打击卡内基。

安德鲁·卡内基一时有些慌张,急忙列了一份条件清单,找来许瓦布,要求他,"按上面的,尽快去跟他们谈联合的事情"。

一般来说,老板已经下达命令,员工只需要照做,即便有损失,也是老板承担。但许瓦布并没有这么做,他接过清单,仔细审视,然后对卡内基说道:"根据我所掌握的信息,情况并没有那样糟。他们与竞争对手的联合不会那么顺利。按这些条件去谈判,我们将会遭受很大损失。"

卡内基对许瓦布的建议进行了认真的分析,结果发现自己确实高估了他们,就全权委托许瓦布谈判。最终,许瓦布不负所托,在联合中为公司争取到了绝对优势。面对许瓦布的逼人气势,对方觉得很不舒服,最后对许瓦布说:"合作条款已经拟好,明天叫卡内基来我的办公室签字吧!"

第二天早上,许瓦布来到对方的办公室,转达了卡内基的话:"从第 51 号街到华尔街的距离,与从华尔街到第 51 号街的距离是一样的。"

对方半晌没说话,最后终于吐出几个字:"那好吧,我过去签字。不过,我从来没见过你这样的打工者。"在此之前,这位负责人从未屈尊到过任何人的办公室。

在复杂多变的现代职场中,一名员工如果能像老板一样思考,才能将自己的工作方向和公司的发展紧密联合起来,对老板的工作给予最大支持,同时为自己事业的发展开拓出无限光明前景。许瓦布正是以这样的工作态度,审时度

势地对老板的决策提出合理建议,同时又不失时机地维护了老板的荣誉,老板的工作开展得更为顺利,自己的升迁也就获取了更大的可能。

普通人也许认为,我们应该有明确的老板和下属的角色划分,我们不应该去过多关心老板的决策,更不应该提出什么建议。但事实恰好相反,如果在做好自己本职工作的基础上,在恰当的时机,以恰当的方式,在自己丰富的经验基础上,提出完全合理的工作建议,相信老板最终会接纳。否则,我们恐怕就真有可能要做一辈子普通的打工仔了。

"像老板一样思考",这是 IBM 公司创始人托马斯·沃森先生所提出的概念。

在一个寒风凛冽、阴雨连绵的下午,老沃森正在召开当前的销售分析会,他分析了市场所面临的种种困难,销售业绩很难向上发展。受到天气的影响,会议一直在一种沉闷的气氛中进行。

面对这种情况,老沃森突然不说话了,沉默了大概 10 分钟。

突然,他跳了起来,在黑板上写了一个很大的"THINK"(思考),然后对大家说:"我们共同缺少的是 THINK,别忘了,大家的薪水都是从公司里拿的,我们应该把公司的问题当成自己的问题去思考。"他要求每个参会者开动脑筋,提出一个建议,实在没有想法的,可以对别人观点进行归纳总结,谁不发言就不许离开。

结果,这次会议开到了很晚,也很成功,对于问题大家想出了许多五花八门的应对方法,也许不是那么实用,但却开拓了大家的思路,更调动了大家工作的激情。从此,"思考"便成了 IBM 公司员工的座右铭。

如果公司的每个员工都能像老板一样思考,那这个团队在市场竞争中所呈现的能力将是无人能及的。公司只是一个群体的集合体,老板只是其中的一个代表,从领导的角度思考,就意味着每个人都把自己融合到了企业之中,并且会为企业的良好发展去完成工作的每个细节。

以领导的心态来对待工作,就会明白自己的工作是领导工作的一个不可或缺的部分,也就能明白领导为何总会对自己提出各种要求;从这份认可的心态中,你会发现原来自己是如此重要。

用领导的标准来要求自己。就会不知不觉中在自己与领导之间建立起更为紧密的联系,两人会共同进退,为公司发展提供最大的推动力。工作关系的改善,更会带来彼此事业的顺利发展。用领导的标准作为依据,就会把自己牵引上事业发展进步的路途,在这条道路上,能力得以提高,思维得以开拓,最终自己的事业得以进步。

对于一个年轻人而言,他可能需要学会如何才能在自己的眼光中加入思考的内容,必须借助它的作用使自己获得升迁的途径;对于一个中年人而言,一定要善于利用思考,才能使自己更加接近那个梦想中的领导职位,才能使自己在职场当中无往而不利。

如果有一天我们真的成为了一名领导,也要多思考,那时我们应该思考的问题是如何能成为一个好的领导。生命不息,事业不止,思考不辍。

想升职就别怕多做事

作为一个普通人,我们一般会认为,工作就是要完成自己分内的工作,对于自己工作范围之外的内容,最好不要去承担,因为它不会给自己增添什么薪水,如果出现失误,还要去承担不必要的责任。正是这种想法,使得许多人在职场之中总是呈现出锱铢必较的性格特点,最终他们不但不会得到一份额外所得,反而会破坏友好的气氛,对工作有效进展形成阻碍。

职场生存之道,与此却恰恰相反,我们要学会承担一份额外内容,这样做对我们有百利而无一害。工作不仅会更加顺利,彼此关系也会更为融洽,可能还会因此带给你一次额外的升迁机会。

对于一个刚入职的年轻人来说,应该学会承担更多的责任。年轻人有更多

的精力和时间,他还没有家庭、孩子,也没有什么应酬,他需要的是更多的学习机会,责任是对他工作能力的最好锻炼,会为他将来的升迁打下坚实的基础。

对于一个 30 多岁的成年人来说,稳重而恰当的责任承担是个人性格成熟与大气魄的一种最好展示。一个整天只知道斤斤计较的成年人,怎么能够成为领导呢?做好分内的工作会让你被评价为是一名合格的员工;通过这些额外工作的承担,可以使你获得升迁的可能。

斯蒂亚和哥哥在码头的一个仓库给人家缝补帆布。斯蒂亚很能干,活儿也精细,他有个习惯,当看到有丢弃的线头碎布时,就会随手拾起,以备他用。码头上的每个人都很喜欢斯蒂亚,见到他都会热情地打招呼。

一天夜里,暴风骤雨突至,斯蒂亚突然从床上爬起来,拿起手电筒就要冲出去。哥哥拦下他,问下这么大的雨,他出去干什么?他说明原因后,哥哥觉得他是个笨蛋,并嘲笑他多管闲事。在露天仓库,斯蒂亚检查了货堆,把那些被风吹起的帆布收好,并进行了加固。当他快收拾完的时候,老板开着车也匆忙赶来了。此时的斯蒂亚已经完全变成了一个水人。

看到这个情形,老板没有多说什么,只是和斯蒂亚一起干完了其余的工作,锁了门,离开了。不过,看得出来,他的心情显得有些沉重,似乎在想着什么。

第二天,老板找来了斯蒂亚,说:“嗨,你是一个很棒的小伙子,非常感谢你的帮助,你也许不用再缝补帆布了,如果你愿意,可以帮我管理这里的仓库。”

投资专家约翰·坦普尔顿通过大量研究,得出了一条名叫“多一盎司定律”的职场规律。定律指的是:取得突出成就的人,与取得中等成就的人几乎做了相同的工作,他们做出努力的差别很小——仅仅只是“多一盎司”。一盎司只相当于十六分之一磅,连我们的一两都不到。但是,就是这微不足道“多出”的一点点区别,可以把成功和平庸区分开来。显然这个人的收益超过了他的投入,一盎司的投入,换回的是千倍的回报。

“多一盎司定律”所描述的内容,并不是工作承担内容多少的差异,它的本质是态度的不同。在商业界,在艺术界,在体育界,在所有的领域,那些最知名的、最出类拔萃者与普通人的区别在哪里?也许答案就是在完成本职工作之后,是否能多付出这一份额外的努力。

职场升迁在我们个人看来,是个人待遇与工作情况的一种改善,但我们转换一个角度,即从公司考核人员的角度进行看待,我们就不难明白,升迁职位所考核的一项重要内容是对工作的宏观认识与把握情况。只有那些对工作的方方面面都能考虑周到的人,才会成为这个职位最为合适的人选。以这样的角度对我们自己进行审视,我们是否顾及自身的工作太多,反而给我们的升迁之路造成障碍?如果真是这样,那么趁现在还来得及,试着去改变一下自己,在工作中多承担一份职责。

多做事,并不是什么责任都承担,因此我们要学会怎样多做事。如果只是不分彼此,不分是非地一味地多承担工作内容,那么相信我们不会获得什么好的结果,影响自己的本职工作不说,还会被别人给予多管闲事的评说。

小张来自农村,有着勤劳质朴的品质,大专毕业后,他非常幸运地留到北京一家大型国企单位的下属分厂工作。能够进入北京工作、生活,小张非常高兴,工作非常积极主动,每天早到晚归,打扫办公室,甚至还会把工作中本不属于自己的工作承担下来。

刚开始的时候,小张的积极性得到了大家认可,都认为小张是一个好孩子,将来会是一个年轻有为的人。但一段时间之后,工作情况就发生了改变。

小张的本职工作是资料分析员,但他的工作并不出色,可能因为对于市场了解不多,他的资料总是不全面,会欠缺很多内容。有一次因为一项重要资料没有收集,险些给公司带来巨大损失,当时领导对这个事情作出了很严重的批评。

最终,小张的工作情况越来越不利,一年多的时间过去了,小张开始考虑是否需要更换一个工作。

首先,要明白自己分内的工作职责,不应只是追求一份所谓的口头感谢与

认可。小张能到北京发展,是一件非常高兴的事情,但是这对他更是一个大的挑战。他现在所要做的是,如何能最好完成本职工作,这一基本的问题解决后,我们才有资格和能力去寻求更多责任的承担。

其次,多做事,是从公司的全局出发,寻找那些被人们所忽略,但是又可能对公司日常工作的维护、对公司的发展有着影响的工作。小张的本职工作是一名资料分析员,那他其实没有必要去承担一名保洁员所应承担的职责。在做好本职工作的基础上,小张可以分析自己的资料对公司发展会起到什么样的积极作用,或者自己深入分析什么样的发展策略能对公司形成支持,这才是正确的工作态度与职业发展方向。

刚入职的年轻人应该学会多做事,但是这必须是在对自己工作有充分认识和完全把握的基础之上去多做事。多做事是对个人能力的一种锻炼,是对自己宏观能力的一种学习。对于一个 30 多岁的中年人来说,更要学会在工作中多做事,才会展现出你的宏观把握能力,体现出责任意识,只有这样,职场的升职大门才会为你敞开。

善于秀自己才能把机会抓在手里

"秀"这一词语来源于英语中的单词"show",本意是展示的意思,发音与中国的"秀"字相近,因而经常被人们拿来使用,如我们常常会说的"时装秀"、"秀出自我"、"秀出精彩"等。

中国人一向比较低调内敛,不喜张扬,这和我们一直所受到的教育有很大关系。在中国古代,有很多诸如"枪打出头鸟"、"人怕出名猪怕壮"、"树大招风"这样的谚语,正是在这些谚语的影响下,许多人的性格变得老实本分,不擅表达和交流,也不喜欢出风头。

低调固然有低调的好处,但是过于低调就会让很多机会与自己擦肩而过。

很多人在职场之中苦苦打拼，但却迟迟未有升迁，其实这不是因为没能力，也不是不够努力，只是因为不善于秀自己。

现代社会竞争十分激烈，每个人都想成功，谁都希望早日出人头地。如果你不善于表达自己，即使再有才华，也会因为缺乏必要的展示而没有发展机会。所以，如果你想在职场中早日获得成功，实现个人的突破，就一定要学会如何秀自己，只有善于展示自我的人才能把机会抓在自己的手里。

在营销学中，有一个关于茅台酒的经典事例。大家都知道茅台酒是中国名酒，但是很长一段时间以来，茅台酒都不能在国际上获得认可。现在的茅台酒之所以能够享誉世界，与一次关键的展示有着密不可分的关系。

1915年，在巴拿马国际博览会上，各国纷纷送出了最好的产品来参展。博览会上的产品可谓琳琅满目，美不胜收。中国的茅台酒这次虽然也送来参展，但却被挤在一个角落，久久都无人问津。

看着别国的产品都在展会上大放异彩，中国的工作人员心里很不服气。如何能吸引大家来关注茅台酒呢？有个聪明的人眉头一皱，计上心来。他提着一瓶茅台酒，径直来到展厅最热闹地方，装作"不小心"故意把酒洒到地上。一时间，酒的浓香四溢，顿时吸引了不少看客。

通过这次特别的"作秀"，茅台酒终于引起了人们的注意，很多人都来这里品尝，并且对此大加赞赏。最终，凭借着超高的人气，茅台酒在这次展览会上荣获金奖。茅台酒自此在世界上赢得了声誉，为中国文化传播作出了一份贡献。

正是通过一次秀的契机，才使蕴藏在酒内的醇香品质得以溢流四方，捕获参会者的嗅觉，最后赢得殊荣。茅台酒的这次成功展示，把酒的内涵与品位向世人展现了出来，自己也收获了国际上的认可，并由此开拓出了更加广阔的市场。

职场之中，我们一定要善于秀自己，有效地利用展示的契机，使得大家的注意力投向你的身上，自己得以有机会展示出内在的素养与品质，自己的职业道路会更顺畅。

秀自己是充分准备后的一种展示。进行一次成功的展示，我们心里一定要清楚，我们为什么要这样做，我们怎样才能吸引到别人的注意力，我们又要获取怎样的机会，最后成功获取机会后，我们又要展示什么样的内容。只有在意识中对这些内容都准备充分后，我们才有可能成功秀自己。

如果个人准备不足，或者当别人被吸引后，自己又不能展现出应有的能力与思想内容，那么，这次展示不仅没有起到应有的效果，反而会被别人当做一次笑话来看待。善于展示并不是时时作秀，而是要把握好秀自己的时机，不然我们会被嘲笑成为哗众取宠了。

小鑫是个男孩子，不过非常活泼好动，学习的是舞蹈专业，毕业后进入到一家演艺公司工作。工作内容是进行演出的安排与策划。

刚开始，他认为工作内容需要的是热情与活力，自己也希望能在工作当中收获一份快乐，所以他的性格非常张扬，着装与话语都非常另类，在工作中，领导有什么样的任务安排，他都会去积极主动承担。

不过时间久了之后，小鑫发现自己的工作情况越来越不利。

首先是大家开始不再认可小鑫，大家认为他的性格太过张扬，特立独行，大家对他没有太多好感，有些人甚至产生排斥感。工作上，领导觉得他不够稳重，即使他有意愿承担工作，领导也会安排给其他人。

小鑫的工作情况十分不好，他并没有认识到问题的原因所在，一方面仍然在延续原来的方法进行工作；另一方面，工作开展得越来越艰难，他自己陷入到困惑当中。

西方文化与中国文化不同，西方文化中宣扬个性与独立的因素，但中国文化非常注重一个人的群体感，在中国职场供职，一定要认识清楚所处职场的文化习惯。对于秀自己我们能够透彻理解和把握，对于沉稳也必须纳入到我们的性格，一个性格不稳重的人又怎么能成为领导呢？

对于新时代的年轻人而言，我们要从传统的性格习惯中走出来，敢于在工作中展示自己,善于展示我们的活力和热情,但在秀自己的过程中,却还要逐渐学会沉稳,这样才能给人一个良好的印象。

对于一个成年人来说,要努力学会秀自己,在普通的生活中,一次恰当而有利的自我展示也许可以为我们工作的展开提供一种推动力。

眼光 14　看穿领导之道，德才兼备方能服众

什么样的人才能成为一名优秀的领导？光有才华不够，光有德行也不够，只有同时具备才华与德行，才能称得上是一名称职的领导。35 岁前，早日看穿领导之道，就会早一点会成为优秀的领导。

正直是领导的立身之本

每个人都想成为领导，因为每个人都能看到领导所能获取到的利益与权威，但每个领导背后都有自己的责任，而这些与表象相比，也许才是区别一个人能否成为领导的最为本质的评判标准。将职场升迁作为自己的一个目标，要能透过表象看到问题的所在，看清一个领导所应具备的责任品质，看清一个领导对自身言行所提出的严格要求，看清领导对团队的驾驭，看透这些才能使自己与目标更加接近，才能为我们职场升迁提供可能。

年轻人一定要能看到自己与领导之间的差距，从而寻求方法锻炼自己的能力，修养自己的品格，使自己逐渐符合一个领导的要求。对于一个成年人来说，一定要以这些标准严格要求自己，这样，当升迁机会到来的时候，才能使自己的表现符合大家的期望，从而使自己在职场发展更为顺利。

在领导的品质中，最为重要的内容是正直。"人而无信，不知其可"，只有正直的人才会获得别人的信赖，才能获得群体的认可，才能符合领导岗位对自己所提出的要求。

山西票号在自己经营中视正直为生命。"宁叫赔折腰，不让客吃亏"，人们对票号的认识，就是诚信、可靠的代名词，即使损失再大，他们依然坚持。

在面临考验时，山西票号的这种品质更显得难能可贵。

八国联军攻占北京，王公贵戚们随慈禧逃往西安。走时仓皇，他们随身携带的只有票号的存单，到达山西，纷纷跑来兑换银两。当时没有账簿，不知道什么人在票号里存过银子，也不知道存了多少银子。

当时的日升昌、蔚丰厚、日新中票号在分号账目无法核对的情况下，采取了他们自认为最恰当的做法——所有储户，只要拿出存单，能辨认存单真假，不核实账目余欠，一律兑现。几天中，山西票号将数十年积累的银两全部兑换出去，众票号元气大伤。最终，北京的分号，不但银子被劫一空，而且账簿也被付之一炬。

官民返回京城后，山西票号"声价大增，不独京城中各行推崇，即如官场大员无不敬服，甚至深宫之中，亦知西号之诚信相符。不欺不昧，此诚商务之大局。山西票号正是凭借这种卓越的社会声誉，使其在庚子之乱中不仅没有倒闭一家，反而给它的发展带来了绝好的契机。

在关键时刻，正直是对一个领导最大的考验，他能否具备正直的品质，能否为大家所信任，能否为企业发展带来长远考虑，都是对其考核的关键因素。只有那些能为大家所信赖的领导，才会得到大家的认可，也才可以带领大家劈波斩浪，在商海沉浮中，开辟出一条光明大道。

在山西票号的经营中，我们可以看到决策时刻的艰难，因为这个决定带给票号的是一时的空前损失，所有库存银两兑换一空，而北京又不能查找根据。但我们也能看到，正直带给领导无与伦比的回报，票号的经营在一年后，得到社会的广泛认可，为山西票号的集体跃升，创造了一次难得的时代契机。

不仅在组织决策中需要正直的品质去承担对社会的责任，在团队关系处理中，更应该体现出正直的品质。"吏不畏吾严而畏吾廉，民不服吾威而服吾公"，领导者在工作中协调关系，处理矛盾冲突，分配各方利益，一定要站在公正的立场，体现一个领导的正直品格，进行恰当的判断，做出合理的决定，才能获得大家的认可。因为这种凝聚力，团队会获得更为强大的市场竞争力量，并因此取得更好的业绩。

李嘉诚对公平有这样的阐述："现实中商业社会需要不断地更新求变。但我深信在获取盈利以及更多效率所带来的巨大压力下，从来不应牺牲我们维护公平及减除疾苦的态度。如果我们选择为追求金钱及权力而牺牲人类高尚情操的话，最终你会发现得不偿失。"

公正要立足大众。如果头脑里中带有一种主观好恶，那么就不可能做到公正。领导者必须头脑清醒，顾全大局，识大体，严格遵照规章制度，才能有真正的公正公平。

公正要求机会均等，在企业内部，最能体现领导公平观念的就是对人员的使用和提拔。所有员工都应该有均等的录用、晋升和学习的机会。从大的方面来说，这对企业的生存与发展有至关重要的作用，从小的方面考虑，它关系到员工的个人前途与发展等多种利益。企业内部关系错综复杂，人们会非常注意领导用人是否公正，这种判断最终会决定员工对企业的态度，对领导的评价。

正直是一个领导的立身之本，一个领导只有具备正直的品质，才能具备承担一份职责的能力，才能认识到职位在企业中的作用，认识到企业在社会中的作用，这种能力是一个企业存在与发展的根本。

只有具备正直品质的领导，才能带好一个团队，获得团队认可，并带领这个团队呈现出最为强大的效力。

越是领导越要约束自己的言行

领导是员工的表率,他在团队当中,有着楷模的作用,设想一个对自己言行没有要求且很随便的人,又怎么会带领出一个优秀而高效率的团队呢?一个时时刻刻对自己严格要求的人,一定会得到团队的信赖,他也往往会促使团队内部产生高的工作效率,从而能促生更好的业绩。

对于年轻人来说,要将那些优秀的领导作为自己的榜样,从行为中,从语言中,不断要求自己,锻炼自己,使自己的品行向着这个方向靠近。

对于成年人来说,必须做一个严格约束自己行为的人,因为要想在职场中获得发展,就必须在品性性格中拥有这样的品质。一个生活随便的人,在员工考核的过程中,一般是不会被考虑升职的;那些言行一致的人,往往会有更大机会得到升迁。

古代名士吕僧珍的旧宅前有一座督邮的官府挡着。乡人们都劝吕僧珍把这座督邮府迁走,并把宅院扩建。吕僧珍回答说:"从我家盖房的时候,督邮府就在这里,现在怎能为扩建我家,而让它搬迁呢?"最终没有同意。吕僧珍有一个姐姐,嫁给当地的一个于姓人家,住在市西。她家的房子低矮并且临街,左邻右舍都是些做小买卖的店铺货摊。但吕僧珍每次到姐姐家中做客,丝毫没有因为这里是下等人住的地方而感到羞愧。

从吕僧珍身上所体现出来的,正是一个领导者对自身行为的严格要求,即使在自己能力范围之内的需求,他仍然选择克制和忍让,从中体现出一个管理者的清廉品质,也正是这样的品质使他得到大家的敬仰。有这样优秀的内在品质,仕途发展也必然顺利。

在古希腊,节制是四个最主要的德行之一。一位先哲说:"没有自制力的人,会为自己的情感所驱使,去做一些大家都知道是坏的事情。有自制力的人行为

服从理性,他明知欲望是不好的时候,行为也就不再追随。"

一个领导一定要具备以下基本素质:清,清静,恬淡,淡泊名利;正,为人正直,不邪不恶;廉,不贪不占,不以权谋私利;洁,洁身自好,守身如玉。领导职业道德的高低,会决定企业在市场中的威望和影响力,关系到整个团队风气的好坏,最终影响甚至决定企业的发展与进步。我们在向一个职位升迁的过程中,一定要看到这些要求和内容,才能使自己的步伐更加快捷。

战国时,齐国有个宰相晏婴,身体矮小,却非常有才干。

一天晏婴出门,马车夫驾车前行。经过那位马车夫家门的时候,车夫的妻子从门缝中偷看了一眼。只见她的丈夫挥着马鞭,显得非常得意。

当天晚上,丈夫回来后,她就责问他:"晏婴身长不满六尺,却有宰相之能,且名闻天下,但他还是那么谦虚;而你身长八尺,外表雄伟,却只能做他的驾车人,为何还如此洋洋得意。我实在是为你感到难为情。"

在现实生活中,有些领导就像这位车夫,对于自己的一些成绩,总喜欢吹嘘表扬一番,有时候,甚至别人的成绩也揽到了自己的头上,习惯骄傲地展示给别人。有些人并没有意识到这是一种非常危险情况,这样的领导一般不会有大的发展,他们一般都承担不了更大的职责。对于普通职员来说,如果他们认可并学习这种行为,那他们被提拔的可能性就会变小很多。这就是为什么那位车夫的妻子对他进行教导的原因。

在职场当中,我们应该学会低调做人,高调做事。

高调的人在事情还没有开始做的时候,就喜欢信誓旦旦,做出一些承诺,说这个工作我熟悉,那个我精通,肯定没有问题。最后因为各种原因,事情没有办成,高调的人最后往往会被奚落。低调的人一开始以低调的态度对待工作,即使最终事情没有办成,也不会有人说他什么,给自己留下充分回转的空间。办成了,大家就越觉得这个领导可信、沉稳;办不成,大家也不会觉得和这个领导有多大关系。

聒噪的蝉夏天会从早到晚鸣叫,最后让人觉得很烦;而报晓的公鸡只在清晨的时候嘹亮地叫上几声,却被人们称赞勤快。精明的领导,会非常仔细于自己的言行,只在关键的时刻说关键的话,就可以让工作得以顺利开展,就可以让团队对他产生信任感。领导谨慎的工作态度值得我们学习,这样才能使我们的言行更加符合更高的标准,为我们的职场升迁打下坚实的基础。

在工作当中,我们还要做到言必行,行必果。

诺言有时候就如同激素,能够激发出人们的无限热情。设想一个领导对员工许下了一个令人振奋的承诺:如果超额完成任务,大家月底就能够拿到 40%的分红。一句话,带动起高亢的工作情绪,在你的话语的引导下,员工的想象力已穿过时空,开始想象月底分红的景象,并纷纷想方设法,把它变成现实。最终,工作业绩突飞猛进。

如果最终情况与事实相反,领导没有兑现自己的承诺,那结果是非常可怕的。被抱怨不说,在今后的工作中,自己的言语可能再也不会为大家所信任,再也不要奢望自己一句话带动起火热工作情形的出现。如果最后这种情况得不到改善,那么可能领导工作的开展也会受到限制。

领导之道,以言行立身。谨慎的行为,可以博得大家的认可,负责任的言语,可以获得大家的信赖,这是一个人能否成为领导,能否成为好领导的根本。我们一定要看透这一法则,才能让我们的升迁更为顺利。

驾驭好自己的团队是领导的职责

看清领导之道,一定要认识到领导工作的内容根本,是对团队的驾驭。领导只是一个团队的代表, 其最终目的就是为了能够在市场竞争中取得最好的成绩。如果他取得成绩,那么他就是一个合格的领导,甚至是一个好的领导。如果他不能领导这个团队取得成绩, 那么他的能力显然与这个职位是不相符的。对

团队的驾驭能力是一个领导工作成败的关键。

驾驭团队,需要我们有一种高瞻远瞩的眼光,站在历史的高度,对团队与市场方向发展有所把握;驾驭团队,需要把控全局,了解团队每个成员的利弊优缺,才能在合适的职位安排好合适的人选,为团体工作带来最好的推动力;驾驭团队,需要我们在现实生活中不断地磨炼与练习,才能使我们的能力不断改善,工作不断取得进步。总之,驾驭团队,是对我们综合素养的一种考验。

王志军在北京经营文化公司,刚开始的时候,非常不顺利,虽然大家都有很高的工作热情,但业绩平平,最终大家工作积极性受挫,受到当时行业不景气的影响,有些人甚至有打退堂鼓的打算。

后来,王志军及时调整了自己经营的方向。他认识到团队在工作中的重要性,分析每个工作人员的性格,为他们找到合适的职位,并给予他们发挥性格的空间。同时,通过对市场的分析,他认识到客观环境的不利,同时又存在巨大的发展契机,他找准定位,在文化产品中打出自己的风格,也因此获得了良好的市场反应。

最终,王志军的公司业务蒸蒸日上,取得了很好的发展。而此时,行业内的其他公司,却没有取得长足发展,有些甚至不得不倒闭关门。

王志军之所以能够在发展上取得进步,改善自己的经营状况,根本原因就在于他即使调整自己团队的管理。在内部,调整管理方法,最大效力释放每个员工的能力,使这个团队拥有强大的市场竞争力。在外部,准确地寻求到市场的定位,为自己的发展找到明确的方向。

创建一支高效团队一般要具备以下 4 个方面的要求。

1.目标明确

成功的领导者都是以最终的成果作为团队管理的根本。他对自己和群体的目标非常清楚,因为这会成为他管理工作的衡量标准,同时也是团队工作开展的方向。而且当团队的目标是由组织内的成员共同合作确定时,就可以使成员有"所有权"的感觉,他们从心里认定:这是"我们的"目标和远景,对于工作开展,也就会有更多的动力。

2.各负其责

成功团队的每一位参与者都应清晰了解个人所扮演的角色和承担的职责,并且知道个人行动对目标达成会产生怎样的推动。在这样的责任意识下,他们不会刻意逃避责任,也不会推诿分内之事,团队也会因此呈现出最高的效率。

3.释放个性

精明的领导会积极探求每个团队成员的性格特点和优势,并尽可能把他们安排在适合他们的岗位上工作。适当的时候,会给个别的员工下放一定的权力,激发他们的工作热情,让他们的才华为团队前进提供出最大的支持。领导者真的希望做事有成效,就会倾向员工参与,他们相信这种做法能够确实满足"有参与就受到尊重"的人性心理。

4.强调竞争

当今世界是一个竞争的时代,团队管理中要渗透入竞争的因素。科学实验表明,竞争可以增加一个人 50%或更多的创造力。竞争是刺激员工上进最有效的方法,自然也是激励员工的最佳手段。

在团队管理当中,应寻找到合理有效的激励方式,促进团队内部有效竞争,提高团队效率。

马歇尔在自己的管理当中,非常注重对下属的关爱。

在整个第二次世界大战期间,马歇尔曾经问候过在海外所见到的几乎每一位高级军官的妻子、母亲或是关系最密切的亲属,告诉他们这些军官的近况。

从信函中可以反映出,这些军官的家人非常感激马歇尔将军的讯息。马歇尔会定期跟巴戴尔·史密斯、乔治·巴顿、马克·克拉克这些老朋友的妻子通信,他认为这样可以使这些妻子们更能忍受长期的别离。

二战期间,士兵的福利待遇是马歇尔经常性的工作重点。他派军事调查人

员到世界各地去,他们的唯一任务是倾听士兵的疾苦,并听取解决办法的建议。马歇尔强调,一定要确保前线的士兵们有饮料和酒喝、有烟抽、有糖吃,就像他们所必须装备的武器弹药一样。

必须承认,马歇尔是一个非常善于驾驭团队的人,军队是管理刚性的组织,但是就是在这样的组织中,马歇尔用最温情的方式,解决掉士兵的后顾之忧,战场上的士兵能够奋勇杀敌,战后的家人也会全力支持。马歇尔对军队的管理方式,完全可以成为我们管理团队的有效借鉴。

团队成员之间能够信任,员工的后顾之忧的解决,如果这些问题都能得到很好的解决,那么相信如同马歇尔一样,你的团队在商场上一定会取得所向披靡的胜利。

对于一个刚入职的年轻人来说,工作中也许还不需要自己对一个团队进行驾驭,当前最主要的工作就是做好眼前自己的工作,扮演好团队中自己所承担的角色。但是在自己的眼光之中,必须纳入团队管理的内容,这样对于自己的工作开展非常有利,同时对于自己未来职业生涯的发展也会形成良好的促进作用。

对于一个 30 多岁的人来说,必须要将成熟纳入驾驭团队的内容,明白团队管理的内容与重要性,当机会到来的时候,你才能将它把握在手中。

眼光 15　看准跳槽时机，让事业得到发展

　　跳槽，现在已经成为职场中常见的一种现象。俗话说得好："良禽择木而栖。"如果能找到更加适合自己的岗位，那么就应该果断选择跳槽，这会让自己的事业得到发展。但一定不要盲目、随意地跳槽，其结果往往是得不偿失。

眼光决定去留

　　有人说，没有跳过槽的人，在职场上就不是一个成熟的人。对于跳槽，有些人善于把握，并会有效利用跳槽所带来的机会，最终越跳越闪亮，越跳越精彩；而有些人则不善于应对跳槽，奋身一跳，却发现还不如从前，匆忙再跳，只是在泥潭中越陷越深。对于跳槽，我们一定要看清楚它所能带给我们的机会，还有它对我们提出的挑战，

　　要能善于利用跳槽，才能使得自己在职场中越活越轻松。

　　年轻人可能还会面对跳槽的情况，我们要为每次职场环境的改变做好准备，应对好每次跳槽对自己的挑战，保证自己过渡顺利，保证自己事业路途顺利。

　　中年人一定要谨慎看待跳槽。经过谨慎考虑的一次跳槽，会带给自己全新的提升。

廖凡是中文系毕业,毕业后,进了北京一家大型国企,主要工作是负责企业内刊的编辑。大家听说后,都认为他找了一份好工作,从此可以衣食无忧。

廖凡自己对这份工作并不满意国企,他认为这种工作就是一个围城,工作实在是太没有挑战性了。

恰在此时,受宏观调控影响,公司业绩下滑,决定大幅度裁员。而这时,廖凡反而不想辞职了,因为他认识到自己工作的"含金量",并开始转变工作态度。

以前做工作,只是简单地抄抄写写,现在他会仔细地面对每次的写作任务,了解背景知识,仔细调研,并努力把稿件写得精彩。因为这份认真,工作起来很带劲,他也越来越热爱自己的工作。

公司的工作不忙的时候,廖凡还利用闲暇的时间写一些稿件尝试投稿,心态变了,同样的事情做起来也就变得不同凡响了。跳槽的事情,廖凡早就抛到九霄云外去了。可喜的是,在大家的努力下,企业最终平安渡过危机,廖凡更加珍惜这份工作了。

跳槽对廖凡来说,是在意料之中的。他经过考虑之后,最终选择不跳槽,但经过这次考虑,他改变了工作态度,工作也越来越顺利。在考虑当中,他认识到工作环境与自己性格的不符,最终使他产生跳槽的想法,不过,后来公司裁员的情况,又激发了他的工作热情,促使他以全新的态度去面对自己的工作,并及时调整了方向。通过这次跳槽的考虑,他的工作反而更为顺利。

几乎每个职场新手,都可能会面临廖凡遇到的情况。刚刚进入职场,我们对自己和职场还不能进行准确的判断,很多情况就会促使我们产生跳槽的想法;但是经过反复后,有时候考虑会发现跳槽后的情况并不适合自己。为了预防这种情况,我们就需要对跳槽有一个充分而全面的认识,才能决定自己是要跳,还是不跳。

在一般情况下,跳槽的充分理由有以下两个:

1.企业的前途无法承载你的未来

企业的发展与员工的情况是一种平衡的关系,相互促进,共同发展。但是如果企业与员工的成长速度不匹配,就会打破原来的平衡。如果企业发展的速度快于员工进步的速度,那么员工可能会被淘汰,必须要不断学习,才能适应企业的发展速度;如果员工的水平已超越企业的发展水平,企业对他已经成为一种限制,那这种员工完全可以考虑跳槽到有更大发展平台的企业,去获取更大的发展空间,此时如果你不选择跳槽,反而是一种不正确的选择,自己的才能得不到施展,工作情况也不会顺利。

2.遭遇发展瓶颈

如果认为自己的职业规划与现在状况不符,自己还有信心去实现更大的发展,经过考虑后的跳槽,是会给自己带来一次发展契机的。

一位外企领导人曾指出外企员工的发展瓶颈问题:"外企公司大多是25~35岁的白领,40岁以上的员工很少,在35岁的时候,都会遇到一个发展瓶颈的问题。"

如果你遇到发展瓶颈,静下心来仔细考虑。认可当前的状态,并且认为,可以耐心干到平安退休,你就可以选择继续留下来。如果扪心自问,发现自己依然有创业的激情,或是还能承受很大的危机的话,那选择跳槽就更适合你。

如果是以上两个理由选择跳槽,那你就尽可能去选择跳槽,因为跳出之后,可能展现在你面前的是一个美好景象。同样,关于跳槽,也有两个不充分的理由:

1.如果只是为了钱

因为钱的原因考虑跳槽,这是人之常情。但需要注意的是,不能仅仅为了钱而跳槽,那样对自己的职业发展也是非常不利的。

只去考虑钱的因素,可能会忽视道德、责任等其他因素,这些因素具有不可忽视的作用。一个公司会因为钱的原因聘用你,他也会因为钱的原因解聘你,一

个人的职业生涯必须要考虑稳定性，"钱途"重要，但前途也同样重要。

2.如果只是为了赌气

很多失败的跳槽都是冲动惹的祸，被上级错误批评，遭遇降职，与同事争执，被误解、孤立，等等。一个人被情绪掌控，不可能做出理智决定，会认为"不管新工作如何，先离开再说"，这样的离职，是没有任何准备的，跳槽之后是非常危险的。工作中的问题，有处理的方法，自己应该寻找方法解决，不能以离职进行逃避。跳槽的选择，应该在考虑成熟后做出。

我们清楚自己事业的前程，这样的跳槽选择，才会越来越有利。同样，因为一些简单原因而选择跳槽，会带给我们不利的结果。我们要从长远、全面的角度，看待跳槽带给我们工作和生活的改变。

跳槽之前，看好落脚点

如果经过成熟考虑后，你还是认为跳槽更适合自己，那么就应该为自己的跳槽做好一切精心准备。

在跳槽前，一定要分析清楚自己通过这次跳槽，所要获取到的内容，这样才能使自己的行为有的放矢。根据自己的目标，有针对性地寻找符合自己的企业，以多方位、多角度、多渠道的方式，对这些企业进行了解，这样才能最大程度保证跳槽带给自己的是机遇而不是厄运。

袁永庆毕业有一年多的时间了，在一家贸易公司工作。不过他最近越来越不开心，因为他发现经过一年的实践，自己还是喜欢一些文化艺术类的工作。经过成熟考虑后，他毅然决定跳槽。

因为要进入一个全新的行业，他也没有太多把握。经过观察和长时间的考虑，他的目标最后锁定到行业内的 A 公司和 B 公司。A 公司是行业内的龙头公司，出品了许多在社会上有影响力的文艺作品；而 B 公司只是行业内中等规模的一个公司,不过发展非常快,作品中能体现出自己的风格,社会也非常认可。

经过考虑后,袁永庆决定去 A 公司工作,不过非常不巧,A 公司职位暂时没有空缺,最后只能应聘 B 公司的职位。他最终顺利上岗,工作内容虽然普通,但一切顺利。

从业一段时间,袁永庆发现,情况完全不是当初想象的那个样子。原来,A 公司是行业内部龙头公司,但它本身有国企的背景,内部机制非常拖沓,效率也很低,有限的作品只是个别员工的贡献,新人到这样的企业不会有什么发展。相比较,B 公司虽然小,但是团队内部非常团结,并且也能凸显自己的特色,发展蒸蒸日上,员工个人在其中也能得到充分发展。

袁永庆非常庆幸自己选择了 B 公司,他心里想着,下次再考虑跳槽,一定要进行更精细的了解。

一旦锁定目标企业,就可以通过各种方式对它进行了解,以下列出其中几种方法可供参考:

1.市场观察法

市场能反映出企业最直接的信息。直接到市场了解该公司产品情况,去超市看品牌的销售;打客服电话,听取客服人员的服务态度。从客服态度中,能反映出企业的内部管理情况、员工的培训以及考核工作的情况。

2.信息分析法

可以从网络上搜集公司的相关信息,以及公司领导人的活动信息,以及他和竞争对手的相关活动。网络是一个交流的平台,特别是对于一些大的企业,一般都能获取到一些评判信息,可以成为自己的参考。在网上信息的收集过程中,一定要学会甄别,不能让一些别有用心的恶意意见影响自己的判断。

3.找人了解

如果自己的同学、朋友有在这个行业或是企业就业的,那就是最好的情况了。破费一下,请对方吃顿饭,他就会很容易把行业的经验对你进行一个透彻的

交代,使你对企业情况有一个全面了解,这对于一个入职者来说,是难能可贵的信息。

在职场选择中,同时还要避免掉一些职场招聘陷阱,这样才能使自己跳跃得更为顺利。这些陷阱主要是针对应届毕业生,或教育程度较低的求职人员,但一些高素质白领、金领也会触碰地雷而"壮烈牺牲"。

雷启刚在 IT 行业摸爬滚打了 10 余年,从基层技术做起,成为公司销售总监。但 34 岁的他没有满足自己的现状,还是希望能有更大发展。

猎头给了雷启刚一个机会。一家上市公司准备投资一个新项目,正在寻找适合的筹备人选。雷启刚详细评估后,发现该项目前景广阔,并且资金也非常充足。公司也开出了很优厚的条件,筹备人拥有一定数量的股份,可以成为公司董事。

雷启刚不再犹豫,他认为机会失不再来。

但他做梦也没有想到,5 个月之后,上市公司的投入突然停止,理由是市场环境不好,资金状况出现问题。

按照正常的投资规律,至少也需要 1 年左右投入时间,但是,上市公司不管这些,资金投入马上终止。公司两个月发不出工资,员工们意见很大,最终,他只能黯然离开,公司由他人接管。这次跳槽无疑是他职业生涯中的一个败笔。

离开之后,经过分析,雷启刚发现,这家公司在投资项目的时候,正好是这家上市公司的股票价拉高的时候,一系列投资只是拉高股价的概念炒作。股价下跌时,上市公司对项目投资即终止了。

项目虽然很好,但公司没有诚意去做,最终搭上的是自己的精力与失败。

雷启刚发现该公司以前就有类似的"劣迹",当初他只看到项目可行性,没有对公司声誉进行深入调查,现在悔之晚矣。

在职场中还有一些常见的职场地雷,列举一些,以供大家参考。

1."偷梁换柱"招保险代理

一家广告公司招聘"储备人员",在面试中却不断询问应聘者的营销能力,并大量介绍保险知识。事实上,他们是代一家保险公司招聘业务员,只是换了一个名称。

2."顺手牵羊"的程序员

一家软件公司招聘程序员,在"笔试"中要求求职者编写一段程序,试题各不相同,但 6 段程序恰巧合成了一个项目,结果自然是无一人录用。专家建议,在不能判断招聘方真实意图的情况下,可以要求招聘方签字证明,避免落入陷阱。

3."醉翁之意不在酒"的期货交易员

一家公司招聘期货交易员,但要求支付两万元开户操作费作为培训费,等应聘者支付开户后,他就不再过问了。

4."趁火打劫"计件工

一家家具厂招钳工,约定月工资为 750 元,说是计件支付报酬。在国家最低工资标准调整后,工人要求加薪,但企业却解释"最低工资标准不适用于计件工"。对此,专家提醒说,对劳动定额过高的企业,员工可向劳动部门进行投诉。

对于跳槽的过程,我们一定要洞悉其中的每一个环节,之前要充分准备,详细了解,这样才能为我们的跳槽找准最好方向;在跳的过程中,又可避免掉职场之中的陷阱,才能让我们的跳槽更加顺利,保证我们最终顺利跳跃到自己事业发展的另一个平台。

对于职场中人来说,跳槽是每个人都会面临的,对于年轻人来说,一定要认识到跳槽对自己事业的推动作用,看清楚自己选择跳槽的原因,这样才能保证跳槽不是盲目的。

对于中年人来说,应该更谨慎自己跳槽过程的每个细节,做好充分的准备,尽可能避免无谓的波折,这样才能保证自己奋身一跳之后,是一次事业的完美发展。

第四篇

看人生

——35 岁前要有审视人生的智慧眼光

　　人的一生，不过匆匆几十载，犹如白驹过隙。在这短暂的时光里，有人过得幸福美满，也有人悲苦一生。何也?不是人生际遇不同，也不是金钱物质在作怪，这一切，都取决于我们是否拥有审视人生的智慧眼光。

眼光 16　看透成败,跨过失败才能拥抱成功

失败是成功之母,这句话大家早已耳熟能详。但问题是,有多少人在遭遇失败后还能够记起这句话?失败其实并不可怕,可怕的是丢掉成功的勇气。当你拥有了看透失败的眼光后,才能跨过失败,拥抱成功。

要想赢,先要输得起

每个人都无需去乞求阳光明媚,暖风习习,要知道,前方的道路上总会有狂风大作、乱石横飞的时候,这是谁都无法避免的。

如果你被哪块石头砸到了头,不应沮丧,也不应消沉,你要具有迎接厄运的气度和胸怀,在打击和挫折面前表现得像一个坚强的勇者。跌倒了,没关系,拍拍身上的灰尘,爬起来继续前行,以勇者的姿态去迎接命运的挑战。

这个世界上没有谁是永远的胜者,想要成功,就必须要经历一次次失败的锤炼。苦尽才能甜来,要想成为赢家,就先敢于做输家,要想一直去赢,就要不怕输,输得起。

亚伯拉罕·林肯是美国第 16 任总统,因为在任期内成功地废除了黑奴制度,他被人们认为是美国历史上最伟大的总统之一。虽然成名以后的林肯风光无比,备受人们推崇,但其实他的成长之路也充满了艰辛。林肯是英国移民的后裔,他的父母靠打猎和种田为生,家庭并不富裕,用林肯自己的话来说,他的童年就是一部"贫穷的简明编年史"。然而,贫困的家庭并没有让林肯意志消沉,他从小就拥有一种积极进取的心态,这也是他得以获得成功的重要原因。

林肯只接受过短时间的教育,文化程度不高,这也使得他在 25 岁以前始终都没有一份稳定的工作。1832 年,林肯再一次失业了,尽管感到很伤心,但他却并没有失去生活的希望。在失业的这段时间里,他除了四处去找工作外,还经常去图书馆读书。他读完了莎士比亚的全部著作,也读了《美国历史》,还饱览了很多历史政治方面的书籍。这段时间的学习,大大增长了林肯的见识,他也从那时起萌生了进入政坛的愿望。

因为抨击黑奴制,林肯在当地渐渐有了一些名气,他在好友的鼓动下去参加了州长议员的竞选。由于资历尚浅,林肯第一次竞选并没有取得成功。竞选失败后,他又尝试去创办企业,以此来谋求长远的发展,可是一年之后企业破产了,林肯也赔了一大笔钱。此后近 20 年间,林肯还一直为了偿还这笔债务而四处奔走。

连续几次失败并没有让林肯感到气馁,后来他再接再厉,终于成功当选为州议员。可是不久之后他在竞选州议会议长、美国会议员的道路上又遭遇失败。面对人生中的种种不顺,林肯始终都没有放弃努力,他很快以饱满的热情又投入到了新的工作之中。1846 年,林肯成功当选为国会议员。接下来,林肯竞选参议员、美国副总统提名反复遭遇打击。然而在不懈地努力下,他终于在 1860 年成为了美国的总统。

一生中遭遇多次重大的挫折,却依然能够问鼎美国总统的宝座,这就是积极乐观的亚伯拉罕·林肯。换作是别人,如果在人生道路上经历如此坎坷,或许早就失去了前进的动力。但林肯不一样,他想做赢家,却也输得起,这让他能够在遭遇失败之后很快振作起来,并且最终走向成功。

人生的旅途中有看不完的春花秋月,自然也有数不尽的坎坷泥泞。只想一

直去做赢家,却丝毫都输不起,这样的人是永远都无法成功的。一旦他们遭遇了严重的挫折,就会一蹶不振,有可能从此自暴自弃。这一切,都是因为他们没有做好当输家的准备。

某国有一位女乒乓球运动员,她在国内的成绩相当不错,屡战屡胜,罕有对手。后来,她被国家队选中,代表国家正式参加世界锦标赛。

临赛前的一天晚上,她承受不住比赛重大的压力,用刀将自己的手腕割破,对外谎称被人行刺,然后就逃之夭夭了。后来,这件事被人查明,成为了国际上的一大丑闻,其所在的代表队也为此蒙羞。经过商讨后,国家队宣布将她除名。

但在随后国内的比赛中,她又找到了以往的状态,依旧是所向披靡。国家队爱惜她是个人才,于是再度召她入队。在一次意义重大的国际比赛中,她遭遇了一位水平不高的德国选手,以前两人交手她保持着全胜的战绩。

比赛开始后,她先是连赢两局,气势大盛。但没想到的是,在接下来的比赛中对手竟然顽强地扳平了比分,她取胜的信念开始一点点动摇,最后遗憾地输给了对手。外国媒体对这场比赛做出了评论:她没有输在球技上,完全是输给了想赢怕输的心态上。

这位运动员只想做赢家,却一点都输不起,尽管有着高超的技术,但始终都没有打出太好的成绩。她的故事也告诉我们,如果一个人连输都输不起,那么也就别妄谈去赢得什么了。

查斯特·菲尔德说:"一个富足的个性,在生活中能够坦然面对输赢得失。他们深信自己能够实现任何梦想,即使在这一过程中遭遇失败,也不会出现意志的动摇。"富足的个性,想赢不怕输的心态,是每一个想要成功的人都应该具备的。

生命就像一只小舟,在行驶的过程中会接受风浪的洗礼,如果你在船上没有准备好救生圈,没有做好翻船的心理准备,那么当小舟倾覆之时,你也会与它一同沉没。

用积极的眼光看待失败

看待问题不同的眼光，会给我们带来不同的人生体验。记得一位哲学家曾经说过："生活就像是一面镜子，你笑它也笑，你哭它也哭。"当我们以一种悲观的态度看待事物时，一切都会显得黯然无光。而当我们以乐观的态度去看待事物时，你会发现处处都是希望和惊喜。

一个孤零零的海岛上，渔夫们在一块巨大无比的圆花岗石上刻上了一行题词。一位作家恰巧路过这里，当他看到这行题词后顿时感到很伤感。他对这句话的理解是：纪念所有已经死在大海上以及将要死在大海上的人们。

后来，又有一位作家来到了这里，他看到这句话的反应与第一位作家截然不同，他认为这是一行非常雄壮的题词。作家是这样理解题词的：纪念那些已经征服大海和即将征服大海的人们。

同样的一句话，在不同人的眼前展示，却得出了完全相反的意思，这件事说明了一个道理：客观事物会随着我们看待问题角度的不同而表现出不同的状态。乐观者与悲观者的差别也由此体现：同样的一件事，在悲观者眼中是绝望而黑暗的，在乐观者眼中却是积极而充满希望的。

失败不是最可怕的事情，不敢面对失败才真正可怕。有的人一次次经历失败，却一次次又爬了起来，因为他们根本不把失败当做自己的负担，而有些人，往往跌倒一次就赖在地上不起来，他们是没有能力吗？不是，一切都只是因为他们审视问题时缺乏积极的眼光。

不同的眼光，所看到的世界也各不相同。两个囚犯一起从狱中眺望窗外，一个看到的是满目泥土，一个看到的是万点星光。看到泥土的人自然是消极之人，他对生活已经了无希望，而看到星空的那个人，则对生活充满了美好的希冀。

人生在世，难免会遭遇挫折，当挫折来临时，你以何种眼光去看待，将决定

你今后人生的走向。如果你悲观、沮丧、怨天尤人，那么你永远都走不出失败的怪圈。如果你正视自己，用积极的眼光去看待失败，并且坐下来好好分析一下失败的原因，那么相信你终将会获得成功。

南非前总统曼德拉，前半生一直受挫，曾经在监狱里度过了 20 多年，长期从事繁重的苦役。他亲手创立的南非"民族之矛"武装力量不被政府承认，长期处于地下非法状态，多有流血和屈辱。

但是，这些挫折都没有击倒曼德拉。无论遭遇多大的困境，他都会以积极的眼光去看待，从中发现好的一面。正是这种天性中的乐观，让曼德拉终于实现了自己的政治理想，在满头银发后以黑人人种的身份登上了南非总统的宝座。

当你失败时，先别急着去悲观，换一种积极的眼光再去看看，你会发现其实失败并没有什么大不了，充其量不过是前进路上一颗扎脚的小石子而已。

许多成功人士都是从失败中开始成长的，正是因为有了无数次失败作铺垫，他们才能了解自己的不足，从而更有针对性地去提高自己。对于他们来说，失败是一笔宝贵的经验，更是一次重要的激励，让他们对成功充满更多的渴望。

汉高祖刘邦是一个曾经失败不断的封建帝王，而他也正是在一次次失败后重新站起来，才最终走向彻底胜利的。在长达数年的楚汉战争中，汉高祖刘邦罕有胜绩，到了后来，就连他的对手项羽都开始忍受不了他的不断失败了。

有一次，项羽把刘邦的父亲五花大绑带到了阵前，声称要把刘公剁成肉泥煮着吃了，以此来威胁刘邦，让他早日缴械投降。刘邦在城头看着项羽百般羞辱自己，竟然无动于衷。他心平气和地对项羽说，我和你曾结拜为兄弟，我父亲就是你父亲，你要杀我们的父亲煮着吃了，请分一杯羹给我。

项羽被刘邦的话噎住了，只好放弃了这个歪招。而对刘邦来说，这次事件为他带来了莫大的屈辱。从那以后，他卧薪尝胆，更加努力地打拼，一心扑在政务上，终于逐渐壮大了自己的实力，在垓下之战中战胜了项羽，开创了西汉几百年的江山。

　　人生不如意之事十有八九,不如意的事情是不可避免要遇到的。这些不如意的事情,常常会让本来快乐的你变得寝食难安,严重影响你的情绪和健康。所以,当遭遇挫折的时候,你要学会用积极的眼光去看待失败,不要总是去想那些消极的方面。

　　生活注定不是一帆风顺的,如果我们总去想着那些不开心的事情,又怎么能够拥有一份愉悦的心情呢?只有忘却那些不如意的事,多想想积极的方面,才能在工作和生活中享受到快乐。而当一个人拥有了快乐心情后,失败在他眼里就不再是什么大事,成功也就会变得触手可得。

沮丧和泄气意味着真正的失败

　　英国哲学家洛克认为:人的幸与不幸,多半是自作自受。这句话道出了一个事实:只有我们自己才能迫使自己陷入沮丧和泄气的苦境,一旦你无条件地投降而成为沮丧的牺牲品,那么就会背弃自我真正的生活,丢掉自我的价值感,成为一个只有人形的空壳儿。

　　沮丧和泄气之所以被认为是最大的不幸,因为它背离了真实生活的方向,是我们内心对生活产生的错觉。当你拥有了这种错觉,就会生活在黑暗之中,看不到希望的阳光。

　　沮丧和泄气是一种严重的迫害,常常会给我们带来巨大的伤害。有些人一遇到挫折就萎靡不振,仿佛失了魂一样,变得极度沮丧和泄气。但事实上,这种沮丧和泄气除了能让你更加痛苦之外,什么实质问题都解决不了。

　　一位德高望重的印度大师身边有一个弟子,平时稍稍遇到一点挫折就长吁短叹,动不动就沮丧和泄气。一次,大师派这个弟子去买盐巴。买回来后,大师让他把盐放进水中,然后喝了它。

　　“味道怎么样?”大师问。

"很苦!"弟子喝完之后直咧嘴。

大师又让这个年轻人把剩下的盐倒进附近的湖水里,然后说:"再去尝尝湖水。"

弟子走过去捧了一把水尝了尝。大师问道:"什么味道?"

弟子答:"很新鲜。"

大师又问:"这次你尝到咸味了吗?"

"没有。"

这时,大师语重心长地对弟子说:"失败带来的痛苦就好比是这苦涩的盐,既不多,也不少,一共就是这么多。我们所体验到的痛苦,只取决于我们将它放在什么样的容器里。

我们在生活中难免会遇到这样那样的挫折和不顺,身体不健康、工作不顺心、婚姻不和睦,等等,所有这些事都会让人烦心不已。遇到这些事的人,难免会抱怨自己的运气不好,活得没有别人幸福。有些人因为没有足够强大的内心,在遇到挫折后就开始怀疑自己,不再相信自己的能力,由此陷入了无尽的失落之中。

很多时候,真正困扰我们的往往不是失败带来的痛苦本身,而是我们对痛苦的认识。当你不断回想自己所遭受的痛苦而顾影自怜时,就等于是把盐放到杯子里,生活变得越来越苦涩。而当你开阔胸怀,乐观地看待一切时,就等于是把盐放在湖泊之中,痛苦会在其中慢慢地消融。

当失败来临时,一味地逃避、懊恼没有任何用处,挺起胸膛坦然接受失败才是最正确的方式。无论面对何种情况,那些成功者都能够拥有勇气和坚持下去的动力,正是这些可贵的品质让他们得以在困难面前泰然处之,坚定不移。

马尔科姆·福布斯,《福布斯》杂志的主编,当年在普林斯顿大学就读的时候连校刊编辑都当不上。

理查德·L 马尼博士,神经放射学专家,别看他现在有这么大的成就,但他在医学院一年级时神经解剖学不及格……

《心灵鸡汤》在畅销全世界前,曾经连遭33家出版社的拒绝,纽约主要的出版商几乎都是众口一词:"这书确实好得很,但没有人愿意读这么短的故事。"事实是,现在《心灵鸡汤》系列已经在世界范围内售出了1700万册,并被翻译成20种文字。

瑞弗·约翰逊,十项全能的冠军,出生时有一只脚先天畸形。

超级球星迈克尔·乔丹中学的时候被所在篮球队除名,来到NBA后,前几个赛季他一个冠军都没拿到。

赛拉·霍兹沃斯,10岁时双目失明,但后来她却成为了世界上著名的登山运动员。1981年她登上了瑞纳雪峰……

看看这些成功人士的经历,他们曾经历过多少失败,多少不幸,但无一例外的是他们都坚持了下来,并没有因为遭遇挫折而变得沮丧和泄气。正是这份坚持,这份勇气,让他们成为了各自领域的成功人物。

失败并不可怕,失败后认为自己不能再成功才真的可怕。如果一个人的内心充满希望,那么什么艰难险阻都无法阻止他,而如果你从内心就失去了勇气、动力,那么又怎么会有力量再站起来呢?

大多数成功者共有的优秀品质就是,在失败面前不轻言放弃,也不沮丧和泄气,他们永远都相信自己的能力。正是这种高度的自信,帮助他们战胜了失败,走出了失败的阴影,迎来了各自人生中的成功。

35岁之前,遇到点挫折并没有什么,但如果你不具备看透成败的眼光,让自己掉进沮丧和泄气的漩涡里,那么你的人生就将充满坎坷。

眼光 17　看透得失,在舍与得之间找到平衡点

得之我幸,失之我命,人生中得与失常有,面对得失要有一种坦然豁达的态度。如果不能看透得失,找到舍与得之间的平衡点,那么难免就会被得失所困扰。这种困扰,其实只是自寻烦恼。

别让得失心缠住你的双腿

万事有得必有失,得与失就像是小船的两支桨,马车的两个轮子,交错变换往往只在一瞬间。

失去了花朵的芳香,却能得到香甜可口的蜂蜜;失去了春天的葱绿,却能够得到秋天金子般的收获;失去了青春岁月,却能让我们变得愈加成熟……失去,既是一种痛苦,也是一种幸福,因为失去的同时也在得到。

一位成功人士对得失有着非常清醒的认识,他说,得与失是相辅相成的,任何事情都有正反两方面,也就是说得与失同时存在于一件事。在你认为得到的时候,肯定在某方面失去了什么东西,而你认为失去的时候,也会有一些意想不到的收获。

很多事情都是这样,失之东隅,收之桑榆,只是你一味地去关注失去的,而对此没有察觉罢了。比如,夫妻离婚了,看上去是一出悲剧,但彼此都得到了另觅良缘的机会;失去了一份工作,也就得到了去别处重新开拓的机会;失意时钱赚的比较少,却能借此机会培养自己理财的能力。

得与失,也许你看不见,但却一直都在同时默默进行着。所以,你无需去嫉妒别人拥有什么,也不必在乎自己失去了什么。你有的别人不一定有,别人有的你也不一定有。

一个夏日的早晨,企业家去海边散步,当他来到海边时,看到一个渔夫正在那里悠闲地晒太阳,于是就问道:"你为什么不去打鱼呢?"

渔夫回答:"前几天的收获不错,这几天可以休息一下了。"

"多打些鱼可以买渔船啊!"

"我孤身一个人,能养活自己足够了,犯不着去劳累奔波。"

富翁黯然地低下了头,沉默好久才说道:"老兄,我可真羡慕你,可以过这么悠闲的生活。不像我,一年到头都要忙碌,很少有空闲的时候。"

渔夫听完一笑,问道:"你现在住着漂亮宽敞的大房子,妻子贤惠美丽,膝下儿女成双,吃喝不愁,也不用为刮风下雨而担心,这些都是我没有的,你有什么可羡慕我的呢?"

富翁哑然。

富翁牺牲了时间精力换来了高质量的物质生活,而渔夫则牺牲财富得到了悠闲的生活。两个人谁更幸福一点呢?其实他们两个人都是各有所失,各有所得,不见得谁比谁更幸福一点。

一个人的得失心不应该过重,否则就会影响自己的成长。过去的那些事就让它过去,不必去斤斤计较,念念不忘。人生没有真正的失败,所以也很少有后悔,唯一应该后悔的就是浪费了光阴和精力去计较个人的得失。

30年前,有一个年轻人想要离开故乡,去外面的天地闯荡一番。根据乡里的规矩,他在动身前去拜访了本族的族长,希望老人能给自己一些指点。

年轻人找到族长时,族长正在专心练字,当他了解了年轻人此行的来由,便

挥笔在纸上写了 3 个大字：不要怕。然后语重心长地对年轻人说："其实人这一生的秘诀只有 6 个字，今天我先告诉你 3 个，我想这 3 个字已经足够你半生受用了。"

30 年后，当初离家的那个年轻人已人到中年，他在外面做出了一些成绩，但也遇到些困惑和烦恼。为了摆脱这些烦恼，他决定回到家乡去找族长请教剩下的那 3 个字。很快，他便回到了家乡，找到了族长的家。不幸的是，族长已经去世，不过族长的家人却拿出了一封信给这个人，说这是留给他的东西。

这个人拆开了信封，里面又是赫然 3 个大字：不要悔。

不要怕，不要悔，这是对人生深刻的体会。因为人生没有真正的失败，所以你不需要去害怕什么；因为有得到就会有失去，所以你也没有必要为过去的那些事情太过后悔。后悔是一种耗费精神的毒药，往往会带来更大的损失。

失去与得到是相辅相成的两方面，它们都真实客观地存在着。你的眼中不能只装着一方面，而因此忽略了另外一方面。得与失有一个平衡点，你不要总因为失去而痛苦，你也会有成功和收获的时候。得与失需要你去认真感受和体会，如果你常常感到失落，那是因为你的心胸有些狭窄，如果你总能保持快乐的心情，那是因为你的心态平和。

"鱼，我所欲也，熊掌，亦我所欲也，二者不可兼得，舍鱼而取熊掌者也。"我们都只是世间匆匆的过客，得到一点儿，失去一点儿，又有什么大不了呢？保持一个良好的心境，不要总是让自己背上沉重的思想包袱，得之淡然，失之泰然，你就能获得一份好心情。不曾得到的东西未必就是好的，同样，已经得到的东西，也未必是自己真正需要的东西。

"要眠即眠，要坐即坐"，这是多么轻松自在的生活之道啊！倘使你总是"吃饭时不肯吃饭，百种需索；睡眠时不肯睡眠，千般计较"，这样放不下，放不开，快乐又怎会来到你身边呢？

必要的舍弃是为了更好的得到

放弃是一堂人生的必修课，没有决绝的放弃，也就没有更好的得到。很多时候，与其苦苦进行挣扎，不如勇敢地选择放弃。在适当的时候舍弃一些东西，换来的可能是更完美的结局。

歌德说得好："生命的全部奥秘就在于为了生存而放弃生存。"成功者大多善于放弃，这种放弃并不是抛弃，只是为了更好的得到。

俗话说，舍得舍得，有舍才有得。一舍一得，不舍不得。主动舍弃是智者的行为，也是生活的艺术。能够主动放弃的人，是一个会生活的人，更是一个理智的人。

有一次，12 名登山者在攀登珠穆朗玛峰的过程中不幸死于暴风雪，然而当时有一个叫克洛普的登山者却侥幸活了下来。原因很简单，他在距离峰顶仅 300 英尺的时候转身下山了。

对于克洛普来说，登顶有着十分重要的意义，如果他当时在不带氧气瓶的情况下能成功登顶，将成功地刷新攀登珠峰的纪录。这个想法固然很有诱惑力，但同样蕴藏着巨大的风险。花费 45 分钟的时间到达峰顶，将会远远超过安全的时限，导致自己无法在夜幕降临前返回山下。

经过再三斟酌后，克洛普还是以稳妥起见，放弃了攀登峰顶的机会。克洛普应该庆幸自己这个正确的选择，因为当时有 12 名登山者和他做出了相反的选择，结果他们虽然登上了峰顶，却再也没有回来。

几周的休养生息后，克洛普再度对珠峰发起挑战，这次他终于登上了珠峰，更重要的是，他安然无恙地返回了故乡。

很多时候我们都在想，再坚持一下，再坚持一下吧。殊不知，这一下的坚持有可能是成功，但更有可能因为固执地坚持而丧失更多宝贵的东西，甚至有可

能是生命。成功固然很重要,但绝非要不惜一切代价去争取,适可而止也不意味着认输。

每个人都有自己力所不能及的事情,如果一定要勉强自己去做,那么成功的希望极其渺茫。学会放弃,不仅是一种人生境界,更是对自己人生负责的态度。

懂得放弃是一种大智慧。"明者远见于未萌,智者避危于未形。"只有学会了放弃,才能让自己变得更加宽容、更加睿智。放弃不是优柔寡断,也不是偃旗息鼓,而是一种拾阶而上的从容、闲庭信步的淡然。

"中国门王"韩兆善打造出了"盼盼"这一知名的防盗门商标,但有很多人都不知道,其实韩兆善并不是做防盗门起家的。

韩兆善的公司最初经营的是宫灯牌铁皮卷柜, 而且当时卖得还相当火爆,到 1990 年已实现产值 2800 万元,利税 240 万元,成为东北同行业中的第一大户。然而,就在事业蒸蒸日上的时候,韩兆善却突然决定放弃铁皮卷柜的生产,反而去做防盗门。

这一决定在公司中引来了很多非议,有人觉得卷柜生意这么好不该放弃,有人觉得防盗门是在走下坡路的行业,没有什么前途。还有人认为,生产防盗门没什么技术含量可言,而且也形成不了大的产业。对于这些质疑,韩兆善反问道:"光靠做档案柜能一劳永逸吗?仅在沈阳就有 10 多家做档案柜的,这个行业的市场还有多少?而且,档案柜只适合企业机关,而防盗门适用于千家万户,无疑是更广阔的市场。"

经过两年的市场调研和技术攻关,韩兆善的公司终于正式推出了八点锁紧的防盗门。这个产品刚一问世,就受到了广大消费者的追捧。由于产品转型成功,"盼盼"防盗门不仅抢占了国内的市场,而且产品还渐渐销往海外。

现在回头来看,如果当初韩兆善没有放弃铁皮卷柜转而主攻防盗门,那么就没有今天如此辉煌的成功。

善于放弃，是一种至高的人生境界，是饱经沧桑之后对人生的一种感悟，也是运筹帷幄满怀自信的一种流露。世间的万物其实都是在不断地放弃中得到发展和变化——树木为了生长要放弃多余的枝叶，花朵为了结出果实要放弃迷人的美丽……

贪多嚼不烂，舍得放弃的人才是一个理智的人。放弃其实也是另一种形式的选择，放弃的目的是为了再次获得，善于放弃的人才能称得上是智者。

人生很多时候都要做出选择，这种选择就是在舍与得之间权衡利弊。有句俗语说得好："不要捡了芝麻，丢了西瓜。"在得到的时候，你要去看看自己会因此而失去什么，如果因小小的"得"会演变成巨大的"失"，那么何不勇敢地去放弃呢？

放弃也是一种美丽

世上本无事，庸人自扰之。生活中的很多烦恼，往往是我们自己创造的。对于得失太在意，有时会毁掉我们平静的生活，让人不堪重负。

A 和 B 两个人在一条乡间小路上散步。

一开始，他们都走得很慢，A 走在 B 的前面。路边的风景宜人，两人在散步的过程中得到了精神上的愉悦，感觉很是幸福。过了没多久，B 有些不乐意了，他认为 A 在前面抢先看到了前方的风景，所以加快脚步超过了 A。相应地，A 也不想被 B 超过，所以同时也加快了步伐。

就这样，两个原本走得很慢的人越走越快，从最初的散步到大步流星，再到后来的奔跑。

两个散步的人，原本是轻松快乐，无忧无虑的。可是，当他们开始为了争夺多一点幸福而竞争时，这种幸福感就渐渐消退，直到荡然无存。

看完了上面这个小故事，相信你会有所感悟。人为什么有诸般烦恼？其根本

原因就是因为人们不懂得放弃，总是无来由地自寻烦恼。

在激烈的社会竞争下，很多人为了能过上更好的生活而拼命工作，时刻抱着竞争的心态。虽然这种竞争可能成就你的事业，让你脱颖而出，但别忘了你肩上的压力也会随之加大，快乐会越来越少。

成功，是每个人都想要的。我们常常在说"追求"或"争取"成功，仿佛成功就是检验我们人生价值的唯一标准。为了获得成功，无数人争得头破血流，伤痕累累，只有少数人才能笑到最后。但是，这种竞争真的是有意义的吗？或者说为了成功付出这么多代价值得吗？

事实上，很多时候当你辛辛苦苦赢得一场胜利时，却隐约察觉到有一种失落感，因为你所期待的随成功而来的幸福并未出现。

竞争是人和社会的一个本质属性，但它在带给你好处的同时，也会让你产生紧张、压力和痛苦。在生活过程中品味幸福、感受幸福、收获幸福，过一种努力、平和、快乐、幸福的生活，才是正确的生活追求。

禅者和旅行者一同上山，起初他们并肩而行，边走边谈论这座山的典故。走了一会儿，旅行者开始觉得有些吃力，就问禅者："你年纪比我大这么多，为什么走起路来那么轻快，一点也不感到吃力呢？"禅者道："放下包袱！"旅行者看见一路上泉水不断，仔细斟酌一番后，最后决定把旅行包中的矿泉水扔掉，然后继续上路。

又走了一程，旅行者依旧没有赶上禅者，被落下了一大截。禅者回头看了看，对他说道："放下包袱！"虽然旅行者有点舍不得，但还是把背包中的食品和衣物都扔掉了。

然而，已经是两手空空的旅行者仍然没有跟上禅者的脚步。禅者又一次对他说："放下包袱。"旅行者十分不解，问道："我已经把包袱都放下了，你怎么还叫我放下包袱呢？"禅者笑了笑说："不错，你身上的包袱已经全部放下了，但心里的包袱却依然没有放下。"

旅行者顿悟。

旅行者和禅者同行,虽然他年轻力壮,精力充沛,心中却有太多的重负,所以脚步沉重。而禅者虽然老迈,但"心无杂念步自轻",丝毫不感到费力。联想到我们的生活中,有很多人的心中都背负了沉重的包袱,他们有太多这样或那样的放不下,正是这些包袱压得他们没有时间停下来休息,也压得他们渐渐喘不过气来。

经常听到身边有人不住地抱怨,学习很累,工作很烦,生活真痛苦。但是却很少有人想到,真正让我们感到疲惫不堪的并不是身上的负担,而是我们心中的包袱。

蜗牛爬得慢,是因为它们背上有重重的壳,人活得累,则是因为他们心中有太多的包袱。这些包袱里装的是什么?无非就是担心、懊悔、不甘、犹豫,等等,正是这些东西,破坏了我们的幸福。

人生的快乐源自于放弃,只有懂得放弃,才不会戚戚于贫贱,汲汲于富贵。只有放弃,才能从名和利的缰索中解脱出来,安享心灵的平静与幸福。也只有放弃,才能轻装上路,寻找到幸福的生活。

人生的历程充满了变数,一切你想要得到的东西不一定都是属于你的。因此,我们要学会用淡泊的心态去看待事物,放弃那些不该去奢求的,一切随遇而安。适当的时候,放弃既是一种睿智的表现,也是一种生活的智慧,它带给你幸福的生活,还可以为你的人生增光添彩。

放弃,说起来很简单,做起来却不是那么容易。但是,如果只凭时间的推移来淡化心中的烦恼,倒不如尝试着把它丢弃。只有放下心中的包袱,你的心情才会变得轻松,所以,请放下包袱,轻装上阵!

眼光 18　看透希望与绝望，不能偏执，更不能放弃希望

人的一生中没有什么坎是过不去的，也许你现在面临的困难，将来只能被拿来做茶余饭后的谈资。困难在前方，希望在拐角，看透希望与绝望，在身处绝境时不要放弃希望，这样你才能安然度过人生道路上的每一处坎坷。

悲观是跟自己过不去

人人都有一些悲观的情绪，只不过程度有所不同而已。如果悲观太甚，将会让你长时间都感到悲伤、忧郁，有很凄凉和痛苦的感觉。长此以往，不仅人会变得越来越自卑，也会对生活和前途失去信心。

幸福的生活源自于积极向上的心态。在生活中，我们可能是幸福的，也可能是不幸福的，这都出自你的选择。如果你选择积极的精神状态，那么你的工作将更加轻松，你的身体会保持健康，你的生活也将变得更加美好。

清晨，在一列老式列车的车厢中，有几个男士挤在洗手间里刮胡子。经过一夜的旅途，常常会有人来这个地方进行一番梳洗。尽管洗手间里有不少人，但大家多是神情漠然，彼此之间没有什么话说，气氛显得格外的压抑。

正在这时，一个面带微笑的男人走了进来，他亲切地和大家打着招呼，但却没有多少人理睬他。洗完了脸，这个男人开始刮胡子，一边刮还一边哼起歌来，神情显得十分愉快。他的行为招来了一个人的反感,于是那个人冷冷地对他说道:"嘿,哥们儿,你怎么这么得意啊?"

"是的,你说的没错,我现在确实很愉快,"男人这样回答,"不过我并没有什么开心的事情,只是把这当成了一种习惯而已。"

把愉悦当成习惯,这就是一种积极的精神状态,当你习惯了笑口常开时,你的生活不会再有任何的烦恼。反之,如果你总是喜欢摆着一副苦瓜脸,那么看什么都是灰色的,没有什么能让你快乐起来。

积极的精神状态,可以催人奋进,让人永远拥有激情和动力。悲观的精神状态,则只会让人唉声叹气,郁郁寡欢,看不到生活中的希望和曙光。或许有人会说,在重大的压力下难以保持一个积极的心态。但我要说的是,这完全取决于你自己的态度。

人是要有积极精神的,有了这种精神,才能坦然面对人生的起起伏伏。一个人心情好了,才会觉得世界上的一切都很美好。你会感到天空很蓝,阳光很明媚,空气更清新,一切一切都是那么美好。只有心态好,才能发现生活的快乐,也只有心态好,才能感悟并享受人生的快乐。

一件事情总有积极一面和消极一面。快乐的人能够从不好的事情中看到积极的一面,而忧虑的人则会从好的事情中看到消极的一面。

从前有一个母亲,晴天的时候她哭,下雨的时候她也哭。别人问她为什么总是哭,她说:"我有两个女儿,大女儿是卖鞋子的,二女儿是卖雨伞的。每当阴天下雨的时候,我都会担心鞋子卖不出去。每当晴天的时候,我又会担心伞卖不出去。"

后来,有个人对她说:"恭喜啊,老婆婆,你太幸福了。"老太太擦干了眼泪,问:"我天天这么发愁,哪里有什么幸福可言呢?"这个人说:"你看啊,出太阳的时候,你大女儿的鞋子可以卖得很好。下雨的时候,你二女儿的雨伞又会很畅销。无论是晴天还是下雨,你都会有一个女儿过得不错,这还不算幸福吗?"

老太太听了这些话,顿时化悲为喜,从此之后再也不为此事感到烦恼了。

同一件事情,换一种角度来看,就能体验到不同的感觉。由此可见,幸福其实就是一种选择,你从积极的方面去看一件事,原本的烦恼就很有可能转化为快乐。

幸福是一种选择:你选择了幸福,那么你就会是幸福的;你选择了烦恼和痛苦,那么你就不会感到幸福。两个人同样拿到半杯水,乐观的人会说:"太好了,我的杯子里还有水!"悲观的人则会说:"怎么办啊,我只有半杯水了。"两种不同的选择,造就了两种不同的感受,也影响了两个人不同的幸福感。

人总是为了那些得不到的东西而耿耿于怀,对自己已经拥有的东西却往往视而不见。是的,也许你没有钱,没有权,但是起码你还有一个健康的身体,有一群陪伴着你的亲人和朋友,这些都是你可以拿出来炫耀的幸福资本。命运对待每个人都是公平的,不会苛刻地对某一个人,也不会偏爱某一个人,如果你感觉到了不幸,那完全是你自己选择的。

我们不会一无所有,也不会什么都有,这个世界上比我们过得好的人有很多,但也有很多人过得还不如我们。我们应该换一种衡量幸福的方式,对自己失去的或不曾拥有的忽略不计,只关注那些我们已经拥有的,然后对自己说:我拥有了这么多,我是幸福的。

不幸时要有阳光心态

人生的航船,并非总是一帆风顺,有风平浪静的时候,也有大浪滔天的时候。风平浪静时,我们要做到不喜形于色,大浪滔天时,也不应该悲观失望,要有阳光的心态。只有这样,人生的大船才能顺利行驶,直到抵达成功的彼岸。

总是有人在遭遇不幸时暗自感叹:自己已经走进了人生的死胡同,找不到任何出路。事实上,他们不是找不到出路,而是没有自信去跨越前方的一个个栅栏。只要多一些阳光心态,逆境也许就不会再是逆境。

人生并不存在绝路，也没有死胡同，这大多数是人们为自己设置的路障。你的幸与不幸，完全取决于个人的心态。

有一位企业的老总，他曾经是一名衣衫褴褛的乞丐，每天在路边以乞讨为生。在他的眼里，自己的人生已经没有希望，一辈子都将这么蹉跎下去。

有一天，他像往常一样坐在路边行乞，手中攥着一把铅笔。一位年轻人路过这里，放了一美元给他，然后转身离开。没过多久，那个年轻人好像想起了什么事，匆匆忙忙又跑了回来。他来到乞丐面前，抓起了他手中的几只铅笔，然后对他说："对不起，刚才我忘记拿货物了，你卖的笔的价格很便宜。"说完，年轻人又匆匆离去。

乞丐看着年轻人离去的背影，心情久久不能平复。这个年轻人并没有把他当做乞丐，而是给了他足够的尊重。在这一刻，乞丐感觉希望在身上重燃，他在考虑自己是不是只能做一名乞丐。最后，他放弃了路边行讨，下定决心做些有用的事情。那个年轻人让他重拾了对生活的信心，也帮助他在困境中找到了一条出路。

从我们呱呱坠地到走完整个人生旅程，不过只有区区几十个春秋，所以我们更应该珍惜生命、珍惜时间。当你遇到不幸时，应该马上从中抽身而出，满怀希望再次上路。在绝望和失落中反复地打转，只会让你的人生变得越来越糟。

人生没有绝境，之所以很多人遭遇不幸后就一蹶不振，只是因为缺少阳光的心态。身处逆境的人，总是祈求自己能找到出路，殊不知，其实出路就在自己脚下。前方的路有的平坦，有的坎坷，但为了实现自己的人生理想，还是要坚持不懈地走下去。

生活中难免会遭遇困境，也难免会出现走投无路的情况。在这种时候切记不要气馁，也不要害怕，勇敢地走下去早晚会迎来转机。困难在前方，希望在转角，有了乐观的心态，就能战胜不幸，战胜挫折，迎来人生新的转机。

有一只猫头鹰厌倦了现在的生活，想要飞往别处去，正当它要启程的时候

遇见了自己的邻居喜鹊。

喜鹊问它为什么要迁往别处，猫头鹰大吐苦水："这个地方实在是糟透了，大家看到我飞行，听到我的叫声，总是不断地咒骂我、批评我，我再也忍受不下去了。"

喜鹊听了之后说道："你应该把心放得更宽一点，不要太在乎那些批评你的人，而是多去想一想那些喜欢你的人。比如农场里的那个家伙，他就十分感激你帮他捉光了地里的老鼠。这个世界到处都是差不多的，如果你不能承受这些，去了哪里都不会感到快乐。"

喜鹊显然比猫头鹰更加具备获得幸福的能力：猫头鹰总是想着那些烦心事，天天忧心忡忡，所以才会感觉在这里生活是一种难熬。而喜鹊则拥有一个豁达的胸怀，这让它能够淡然地对待烦恼和不愉快，并且从中看到积极的一面。

在这纷繁复杂的社会中，每个人都渴望着拥有幸福，但事实是大多数人抓不住幸福。其实幸福就在我们的身边，需要我们用心去发现，去感受。要想创造幸福、感受幸福，就要从心开始。

世间的道路坎坷崎岖，人生的道路注定了也不会一帆风顺，必然要面对很多苦难，很多烦恼，这就需要我们以豁达的心态去面对。有句话说得好"宰相肚里能撑船"，意思也就是说，人要保持一个开阔的胸襟，无论遇到什么困难都不要灰心丧气，要设法容纳并且排除，只有这样才能在"山重水复疑无路"的时候找到新的出路。

记得有位哲人说过这样一段话："天空收容每一片云彩，无论其形状美丑，所以天空广阔无边；高山收容每一块顽石，无论其大小，所以高山雄伟壮观；大海收容每一片浪花，无论其清浊，所以大海浩瀚无比。"胸襟开阔了，心灵也就获得了自由，这样才能够拥有幸福的人生。

我们应该学会用积极的态度去看待问题，看待人生。心宽的人，生气只在一时，发愁只在一刻，就算遇到了天大的事情也能够吃得饱、睡得香。若缺少了阳光心态的人,即使拥有了全世界也会陷入迷惘。换个眼光,换种心态,不幸就会离你越来越远。

　　阳光的心态缔造幸福人生,当你学会用积极的眼光去看待生活时,你会发现心境升华到了另一个高度,你也将获得一些意想不到的收获。

眼光 19　看透顺逆境，任何人都不可能一帆风顺

谁都喜欢顺水行舟，扬起风帆，可以日行千里。但是，前进的路上不可能总是坦途，苦难和逆境时不时就会来找你的麻烦，如果你没有看透顺逆境的眼光，那么你的旅途就不会一帆风顺。

苦难是人生的必修课

设想一个人如果一生顺利，那会是怎样的一种情形？

首先，我们可能会很兴奋，终于可以逃离苦海，不必再忍受烦恼和忧虑的折磨。但是，这些兴奋的情绪往往只能存在于一瞬间，短暂的喜悦之后，我们的生活就会归于平淡和乏味。每天只是重复地来来往往，吃穿住行，生活中没有一点波澜，也没有任何额外的刺激或惊喜。

当我们走完这样一段生命的旅程，回过头来对自己的一生进行总结时，你会悲哀地发现，这一辈子并没有什么值得记住的事情。此时此刻，你才会认识到，原来悲哀的源头并不是苦难，而是我们的生活中没有苦难。

苦难，是我们每个人一生中的必修课程。没有苦难的人生，是一个乏味的人生，是一个单调的人生，是一个不完整的人生。人只有历经了苦难的磨砺，才能变得更加成熟，才能慢慢地获得成长。

比起课堂上的学习，苦难显然可以教会我们更多宝贵的知识——如对幸福的珍惜，对生活中责任的承担，对困境的抗争。经历过苦难的人，不再是温室里的花草，而是饱经风霜磨砺的白杨。在苦难的终点，它会给我们准备一份收获和喜悦，不同于幸福终点感受的悲哀，这样的收获如此沉甸而更富有内涵。

35 岁之前，不能贪享生活的安逸，而要勇于接受苦难的挑战。当你拥有了正视苦难的眼光，自然而然也就有了直面苦难的勇气。当苦难来临时，你不再会惊慌失措，而是找出应对的策略，勇敢接受苦难的洗礼，并在这种洗礼下茁壮成长。

日本著名企业家松下幸之助，一生从不向命运低头。

松下幸之助 9 岁那一年，由于家境贫寒，他不得不远赴大阪谋职。在车站，母亲饮泣向同行的人拜托："这个孩子要一个人单独去大阪谋生，拜托各位在旅途中多多关照。"母亲当时悲凄的背影，给他留下深刻的印象。

到大阪之后，松下幸之助在船场火盆店当了学徒，开始了艰苦的谋生。这么小的年纪，远离亲人，孤单无助，其中的艰辛可想而知。

一天，店主给松下幸之助发薪水，他吃惊极了——对穷人家的孩子来说，这可是一个不小的数目。这笔报酬激起了他工作的热情，也让他对生活重新燃起了希望。

从那一天起，松下幸之助开始更加努力地工作，他不辞辛苦地打杂，磨火盆，有时一双手被磨得流血，他却依然坚持。就是靠着这样的毅力和斗志，松下幸之助挺过了生命中最为艰难的时刻，而他通过这一期间的磨砺，也变得更加坚强和沉稳。

后来，年轻的松下幸之助拿出多年的积蓄建立了"松下电气器具制作所"，开始为自己的事业而奋斗。尽管创业的过程中面临了种种困难，但对于早已饱经风霜的松下幸之助来说都已算不得什么。最终，在松下幸之助的带领之下，松下电器越做越大，他本人也成为了日本著名的企业家。

上帝是公平的，他在把苦难撒向人间的同时，往往准备好了丰厚的回报，只

等待那些能够直面困难的勇士来取。

苦难都是痛苦的,不然我们就不会称之为苦难。松下幸之助是在母亲凄苦背影的激励下,是在薪水的鼓励下,跨越过了这道苦难的门槛。他积极面对自己的工作,经历过苦难之后他,依然对社会和别人抱有一颗感恩的心,这在他日后的经营中都能体现出来。

跨越过苦难的松下幸之助的命运又是幸运的,因为他事业一帆风顺,最终到达了常人所不能到达的高度。但我们不应紧紧把目光聚焦在这份成就上,我们要看到,每次事业的跃升与转折,都是对一个人性格与能力的极限挑战,只有那些经历过苦难磨炼,并且在困难面前毫无惧色,能迎难而上的人,才有能力去应对这些挑战,最终也会收获其中的成功。明白这些,我们也许就会明白"伟人"为何总与"苦难"有如此紧密的联系。

关于松下幸之助,还有一个他与神田三郎的故事。

有一次,松下公司招聘一批推销人员,招聘人数是 10 人,报考的却达到几百人,竞争非常激烈。经过一个星期的面试与复试的筛选,选择出了 10 名优秀人员。

松下幸之助亲自过目了一下名单,非常意外,因为没有看到一个叫神田三郎的人的名字,这个人面试时给他留下了深刻印象。于是,他向相关人员询问原因。

核对后,下属回答说,计算机出现了故障,分数和名称发生了错误,这个神田三郎,应该名列第二。松下听了,立即让下属改正,尽快通知神田三郎发录取的消息。

第二天,没想到下属向他报告了一个惊人的消息:由于没有收到录取通知,神田三郎竟然跳楼自杀了。这位下属自言自语地说:"真是太可惜了,这么有才华的人,我们竟然没有录取。"

松下幸之助摇摇头,说:"不!幸亏我们没有录取他,这样的人成不了什么大事。一个没有勇气面对失败的人,又怎么能去做销售呢?"

神田三郎是可悲的，他的才华完全可以获得这样的工作机会，只是命运跟他开了一个玩笑。一个小小的波折，本来没有什么，但神田三郎却为此付出了生命的代价。现实生活中的我们，在困难面前又会做出什么样的反应？在没有对困难进行全面了解之前，我们是不是就已经退缩了？最终我们也就失去了本应属于我们的内容，或者说完全在我们能力范围之内的机会。

松下幸之助是正确的，也许是他苦难的经历，使他能够高瞻远瞩，认识到一个人性格与命运的关系，在我们悲伤惋惜这个人才华的同时，他却使人警醒地认识到这个人性格的致命弊端。在一个命运的挫折面前，舍弃高贵的生命，纵使你有满腹的才华，也无法去开创自己的事业，面对苦难，有时候我们只需要一点直面的勇气。

每个人的人生都会必然经历苦难，生活的苦难，情感的苦难，事业的苦难等五花八门的内容。特别是对于一个 30 多岁的人来说，必须能将苦难看透彻，看清楚它对自己的挑战，看清楚其中所蕴含的内容，最终我们才能如同锋利的宝剑一般，在炉火的考验下，在铁锤的击打下，淬炼出惊人夺目的光华。

成功的人有勇气直面逆境

顺境虽然舒适，但顺境会软化人的性格；逆境虽然艰苦，但它却可以让人变得坚强。最终环境发生改变时，从顺境中走出的人，只能留下一些曾经的美好回忆，而从逆境中走出的人，面对未来，却会拥有满腔的抱负与充足的自信。

在普通人的意识中，逆境是非常可怕的，正因为如此，在黑暗面前，人们会瑟瑟发抖，在威胁面前，人们会心生恐惧，最终因为态度的保守，就将自己蜷缩在一个狭小的范围，使自己生命的轨迹再也得不到扩充。成功有时候就被伪装在外表之下，我们只需要借助一把勇气的利剑，就可以划破短暂的黑暗，迎接前途的光明。

从那些成功的人的经历中,我们可以很容易看到他们的人生经历与逆境紧密相关,他们感触逆境的痛苦,为命运的不公所愤怒,最终无论什么样的原因,他们都选择坚强,坚强地面对,坚强地探求生活的可能,当面前的问题被自己解决之后,他们依靠这种奋斗的性格,依然在自己成功的道路上前进。

贝多芬于 1770 年 12 月 16 日诞生于德国波恩的一个贫穷的家庭。他的母亲是宫廷大厨师的女儿,是一个善良温顺的女性,婚后备受生活折磨,经过两次改嫁,在贝多芬 17 岁时便去世了。艰辛的生活剥夺了贝多芬上学的权利,他自幼表现出的音乐天赋,使他的父亲产生了要他成为音乐神童的愿望,父亲把他当成了摇钱树。

贝多芬从 4 岁起就整天没完没了地练习羽管键琴和小提琴,稍有不合,就会遭到打骂。8 岁时贝多芬首次登台,获得巨大的成功,到维也纳后,开始跟随莫扎特、海顿等人学习作曲。在他首次演出获得成功后,一个光明的前途在贝多芬的面前展开。

可是三四年后,一件可怕的事情出现了,贝多芬发现自己耳朵变聋了。对于一个音乐家来说,没有比失聪更可怕的了。人们从他早期钢琴奏鸣曲的慢板乐章中可以理解到这种令人心碎的痛苦。

但贝多芬无时不充满着一颗火热的心,命运面前,他总能释放出那傲人的勇气和决心,他的生活总是交替经历希望和热情、失望和反抗,这最终成了他的灵感源泉。

1801 年,贝多芬爱上了朱列塔·圭恰迪尔,他把《月光奏鸣曲》献给她。但是不解风情的朱列塔太不理解这个崇高的灵魂了,最终她另嫁他人。这时的绝望,曾让他写下遗书。

1803 年从灰暗中走出的贝多芬,写出了明朗乐观的《第二交响曲》。之后更多更好的音乐在他的笔下源源不断地涌现。《第三交响曲》(英雄)、《第五交响曲》(命运)、《第六交响曲》(田园),还有优美动听、洋溢着欢乐的小提琴协奏曲,以及绚丽多彩的钢琴协奏曲和奏鸣曲。

1823 年，贝多芬完成了最后一部巨作《第九交响曲》(合唱)。这部作品创造了他理想中的世界。1826 年 12 月贝多芬患重感冒，导致肺水肿。1827 年 3 月 26 日，贝多芬终于咽下最后一口气，原因是肝脏病。

贝多芬的生命非常短暂，只有 57 年的时间，在有限的岁月中，他却经历了如此多的苦难。对于命运的逆境，他或是无所选择，必须接受，或是迫切地反抗，却遭受失败。但对于生命所给予他的困苦，他总能勇敢面对，在每次困苦过后，他都能依然唤起对生命的无限热爱。在他的作品当中，特别是在《第九交响曲》中，我们能听到他内心的沉痛与性格中拼搏的勇气。

而最终造就贝多芬的，正是他坎坷的命运，正是他对于命运的勇敢选择，使他的作品比别人的作品具有更深的内涵：对于幸福的珍惜，对于命运的坚强。我们在对他作品的聆听中，无数次被这样的情感所感动。

逆境之中，我们会收获许多的内容。逆境会锻炼我们性格的对抗力，只有逆境的捶打才可以让我们的性格变得坚强。逆境可以让我们增强生活的勇气，逆境中，我们会不断去认识自己，会深刻反思自己到底具备什么样的能力，自己的性格又到底能承担什么样的命运。

20 世纪 60 年代，一个韩国学生到剑桥大学留学，主修的是心理学。他非常喜欢喝下午茶，在那里经常有一些和成功人士聊天的机会。这些成功人士中不乏一些领域的学术权威，或者是创造经济或政治神话的人，当然也少不了诺贝尔奖的获得者。

在他的心目中，这些人必然是经历过太多苦难，才千辛万苦地取得了今天的成绩。但是通过聊天，他们给他的印象却更多是幽默风趣。

更让他感到吃惊的，与他们谈到他们的成功时，他们都承认，成功与苦难相伴，每个人的成功都是对传统、对自己的极大挑战，他们都庆幸得以跨越这个门槛；但这些人最终看待自己的成功时，却都认为是非常自然、顺理成章的事情。

原来面对困难,取得成功并不是那么艰难的事情,只要你有面对的勇气,可能困难在你面前就会瑟瑟发抖,惧怕你对它的分析与解决,最终,苦难不得不向你坦白在这其中所蕴藏的机会。有时,去直接它面对逆境,就是一件很简单的事情。

这个年轻人最终以《成功并不像你想象的那么难》为题目,完成了自己的论文,回国后,将它出版成册,在韩国引起了很大的反响。

面对逆境,也许普通人都会认为,需要很多的准备,比如智慧、经验,等等,但也许只是简单地需要一份直面的勇气,苦难就会发生微妙的变化,命运的轨迹就会因此改变。

忍一时天地宽

忍一时风平浪静,退一步海阔天空。这个道理大家都知道,但要想真的做到却又谈何容易。

容忍是对自己一时情感的包容,我们会因为愤怒,因为疲惫,因为情感与命运的极限,而不能承受,想要以冲突的方式表达出自己内心的情感,想要以放弃的方式对待自己生活与命运的选择,但显然我们不能这般随意就做出选择。容忍又是理性的一种考虑,因为目标就在不远的地方,为了将来更好地发展,为了彼此关系的融洽,为了依然维护我们彼此之间的信任,为了自己事业在将来某一天能得到提升,我们最终还会选择坚持。

对于一个30多岁的人来说,必须拥有忍让的胸怀,因为无论贫富贵贱,无论职位高低,谁都会有承受压力的情形出现,并且对于那些事业越为成功的人,他们身上所承受的内容也就越为沉重。对于成年人来说,他们性格是成熟的,能对自身情感做出有效控制;他们对社会的认识是稳定的,他们能很好地扮演自身的角色,并使自己的言行符合这样的角色要求;因为他们都有自己的事业目标。正是在这些目标的牵引下,我们必须要承受生活的磨炼,路途的孤单,诱惑的干扰,疲惫的考验,等等,最终才能到达成功的彼岸。

吴灭越之后,越王勾践成了吴王夫差的奴隶。

在奴役期间,勾践随时随地都有生命之忧,而他胸中却藏有复国之志。范蠡对勾践说:"光是忍辱,无法争取到对方的信任。唯有完全臣服,杀掉自己的'心',处处为吴王着想,时刻让自己想着为吴王做任何事,才能得到吴王的信任。"

为了让夫差放松戒心,勾践逼迫着自己表现出对夫差完全顺从和诚意。

有段时间,夫差生病,很长时间都没有痊愈。范蠡根据伯嚭提供的情况判断,夫差最近就会康复,勾践认为这是一次自己表现忠诚的机会。

第二天,勾践去问候夫差,在宫门口,恰好遇到端着盛有吴王粪便的便盆的侍卫。勾践见状,立刻用手蘸取粪便,放在嘴里尝了一下。这一举动让同行的伯嚭大吃一惊。尝过粪便之后,勾践见到夫差时高兴地说:"恭贺大王,大王的病很快就会痊愈了。"

夫差不解:"何以见得?"

勾践回答,自己年轻时,拜一位善于闻粪便的人为师,能够从人的粪便的味道中判知人的身体状态。刚才尝过了大王的粪便,苦且酸,正是顺应春夏之气的味道,因此知道大王的病很快就会好了。

夫差听了非常高兴,对勾践的疑虑顿时消减,当即下令勾践夫妇及范蠡可以离开囚禁的石屋,转住到宫室之中。

过了不久,夫差的病果真痊愈了,夫差更高兴,在上朝时,宣布要为越王安排北面座位,群臣要以宾客之礼来对待。

这样安排意味着勾践不但即将被释放,而且也可恢复越王的身份,他的命运也因此出现了转机。

现实的生活与工作当中,我们不需要勾践如此极端的行为,但他的策略和忍辱负重的精神却可以为我们所借鉴。

生活当中,家庭关系当中,同事关系当中,有时候不需要那么锱铢必较,彼

此多一些忍让,大家就会和睦许多,家庭得以幸福,团队更富有效率。事业发展当中,必然会有路途的漫长和独自的守候,只有那些能够承受等待和寂寞的人,才有可能获取最终的成功。

一次,领导在例会上公开批评小陈,因为他没有按时把资料传给客户。

其实小陈一直工作很努力,那天在检查资料时发现秘书室弄错了数据,小陈及时和客户联系,并且约定了再次发送的时间。可是领导回来,看到没有发出,就批评了小陈。

虽然一肚子委屈,他还是选择了沉默,因为他心里明白,当场顶撞领导,或作出解释,只会使领导难堪下不了台,越解释,领导就越生气。即使领导承认了错误,以后也会记恨自己。

过了几天,领导就看到了记录,也知道错怪了小陈,但没有多说什么,不过显然他知道小陈是个识大体和稳重的人。

此后,小陈的工作情况和事业路途自然非常顺利。

生活、工作中,彼此磕碰在所难免,予人方便,自己方便,特别是与领导接触的过程中,更是如此,对对方的一次容忍包容,可能最终换得对方的理解与体谅。其实,家庭当中更是需要一份包容,家人虽然是最亲密的人,但彼此关系也更容易起摩擦,在处理问题的过程中,彼此互相多一份包容,也许就会体谅别人许多。

一个 30 岁左右的人,有着一定的人生阅历,对于人生已经开始产生成熟的认识,一定要能正确对待命运的坎坷与顺利。看透苦难,看清楚在痛苦之下,有着如此多对自己有利的内容。命运的顺逆控制在自己的掌握中,你会发现一切并不可怕,成功离你越来越近。

眼光 20　看透完美与缺憾，
每个人的一生都是断臂的维纳斯

　　谁不希望自己的一生完美无缺,谁不希望此生不留下任何缺憾,但这只不过是美好的期望而已。事实是,没有人的一生是绝对完美的,或多或少都会留有遗憾。看透完美与缺憾,你才能以更加积极的态度去面对自己的人生。

完美是一个相对的概念

　　人生谁不奢望完美,不过,完美是静止的,而生活是动态的。

　　一个女孩,看到别人穿了一件新衣裳,觉得是那么美丽,她自己也希望拥有一件。当她终于等到发工资,并且咬紧牙关买下一件,穿在身上时,却发现别人身上此时已穿上另一件更为漂亮的衣服。

　　我们在生活中,会羡慕朋友买了房,买了车,可是当一天我们也住进新房,开上汽车时,却发现这样的感觉并不如想象中那般美好。此时,自己忽然不知道该寻求什么样的生活内容,作为自己追逐幸福的目标。

　　完美只是一个相对的概念,一定要学会正面地看待:我们追求完美,但我们不能把追逐完美变成束缚我们的桎梏;我们追求成功,但我们也能坦然面对自身存在的不足。

财主和一家农夫做邻居。

财主虽然富有,但是过得并不快乐。农夫虽然贫穷,但每天都和自己的女人起早贪黑磨豆腐养家糊口,小日子过得非常充实,从墙那边总能传来农夫女人与孩子们欢快的笑声。

有一天,财主老婆向财主唠叨起了这个事情,说:"我们比他们有钱,为什么我们还没他们快乐?"财主说:"这个好办。"

这天晚上,趁人不注意,财主偷偷从墙头扔过去一个 5 两的银子。

第二天,农夫的家里安静多了。

几天之后,事情渐渐平息了,那些欢声笑语又传了过来。

在晚上的时候,财主从墙头又偷偷扔过去一个 50 两的元宝。

显然,农夫的家里再次陷入到更深的安静中。

又过了几天,财主从墙头扔过去的是一个 500 两的元宝。

最终,农夫的家里变得鸦雀无声,从此再无欢笑。

财主这时候对他的老婆说道:"看到了吧,想让他们变得安静,非常容易。"

我们每个人都会追逐幸福,正如财主抛过墙头的银子,当我们得到 5 两的时候,我们会希望得到 50 两,当最终获得 500 两的时候,我们却发现我们变得更加不快乐,生活开始担惊受怕,也失去了原先的乐趣。

完美可以引诱我们不断追逐目标,我们的生活因为追逐也更加精彩,但过度追求完美就会使我们陷入到欲望的泥淖而不自知,最终也就囚禁了我们生活的快乐,也失去了最初目标的意义。

一位成功者走进一家纽约的银行。

"请问我能帮您什么?"贷款部经理一边问,一边打量这位一身名牌穿戴的人。

"我想借钱。"

"您要借多少?"

"1 美元。"

"啊?只借 1 美元?"

"不错,可以吗?"

"当然可以,有担保,多点也无妨。"

"好吧,这是担保。"说着,这个人从皮包里取出股票、国债等物品。然后,他问经理是否足够。

"当然,当然!不过,您真的只借 1 美元?"

"是的。"这个人接过了 1 美元。

"年息为 6%,只要支付 6 美分,一年后归还,这些股票等物品我们就可以归还您。"

"谢谢。"说完,这个人就准备离开银行。

银行行长在旁边一直冷眼观看,怎么也弄不明白,看他要离开,行长匆忙地赶上前去,对成功者说:"啊,这位先生……"

"有什么事情?"

"想请教您一下,您拥有 50 万美元,为什么只借 1 美元?要是想借三四十万的话,我们也会很乐意……"

"我来之前,已经问过好几家金库,他们保险箱的租金都很昂贵。最后,我还是决定寄存在这里,只需变化一个方法,租金实在太便宜了,一年只需花 6 美分。"

这虽然是一个笑话,不过这位成功者的智慧,堪称完美。在生活之中,我们追逐完美,却也要学习变通。一个目标,我们以这样的方式不能实现,是否会寻找其他的途径,转换思维,我们也许可以找到快捷而有效的途径来达成意愿。如果最终目标不能实现,那我们何不给自己一个理由,让自己能坦然放弃这份对完美的追逐,至少我们还会保留一份快乐,并且还会为下一次完美的到来扫清心里的阴霾。完美,有时就在于变通之间。

其实,完美的标准从来不是固定不变的,会因人的审美观而变化,今天会欣赏杨玉环的丰满圆润,明天就可能会去怜惜西施的瘦削。美的标准在不停改变,那我们又为何要为那份所谓的完美而耗尽精力呢?

一个 30 多岁的人,对人生已有着自己的理解,如果他的眼光之中,还不能看清这份完美,那他可能还要为此花费更多的精力。完美是相对的,而对这一问题的认识,可以带给我们一份轻松,更会带给我们生活和工作的更多启迪。

不必用完美去苛求自己

一个完美主义者是悲哀的。

他不仅会苛求自己,还会苛求别人。

苛求自己,不允许出现任何一个小的瑕疵,但现实的概率总不会如他所想,最终他只是闷闷不乐,即使他已经获得大部分的结果,但心里总会惦记那份曾经的缺憾。

苛求别人,总是惦记别人的不足,而会忽略掉别人的优点和长处,总是惦记别人对自己的不好,而忽略掉他人对自己曾经的关心与照顾。因为这份不满足,彼此的关系产生裂痕,最终任凭对方有多么大的包容和承受力,也会被他无休无止的质疑消磨殆尽,两人最终只好不欢而散。

生活中,我们完全不必用完美去苛求自己的方方面面,当我们能从这份完美中逃脱而出时,生活就会因此而变得更真实。

李威渴望爱情,希望成家立业,但他总是迟迟没有结婚。谈了几个朋友,都不理想,有一次都订婚了,但经过考虑,李威还是觉得彼此并不合适,最后只能作罢。

最近,李威又谈了一个朋友,他认为终于找到了梦寐以求的好女孩。她端庄大方,又聪明,又漂亮。

李威想要把事情做得十全十美，也为了证明他找到了理想的对象，以避免被朋友们嘲笑眼光太差，他绞尽脑汁写出一份长达4页的婚约，希望女友同意。

文件非常详细，有提到孝敬父母的，甚至提到时间和携带的礼物；有提到太太的职业，以及将来住哪里和收入如何分配；有提到孩子的内容，并明确什么时候生最合适。这份文件写得很整齐、漂亮。

没想到，女友看完后却非常失望，最后和他提出了分手。

李威非常委屈："我只是写一份同意书而已，只是为我们未来的生活做一个准备，我又有什么错？"

女孩是明智的，在他的考虑中，没有质疑李威的责任，也不去怀疑他的体贴，但显然他太过精细的性格会让对方无法承受，这样的人也许不是最适合的人生伴侣。对完美的过分追求，不仅会使自己为其所累，迟迟找不到生活的方向，更会给对方带来无形的压力，在还没有走上婚姻道路时，对方在态度上就先选择退缩了。

现实生活中，每个人年轻时都会有远大理想，都相信自己会有一番丰功伟绩：如果当兵，就会当将军；如果从事科学研究，就应该和爱因斯坦齐名；如果去当作家，应该为诺贝尔文学奖而努力。多年之后，我们就会明白，自己的那些目标，虽然可以对自己形成鼓励和鞭策，但是对于大多数的普通人来说，只能是一个遥远的向往，现实的生活只能维持在真实之中。如果一个30多岁的人还不能明白这个道理，那么他的生活轨迹，就会因此与现实发生脱离。反之，对于那些能够及早在心中释怀这份少年完美情怀的人，却要好很多，生活不仅会因此变得真实，心态中也会拥有一份坦然和自信，也许还真会让他发现一条通往成功的道路。

有一位女士非常喜欢狮子。她并不是崇拜狮子如何勇猛格斗，如何疯狂捕食，她最感兴趣的是，看到狮子吃饱肚子后，就与世无争、懒洋洋打瞌睡的样子。在这个时候，纵使猎物从鼻子底下走过，它也绝不会为之所动，它已经酒足饭

饱,不再需要食物了。

狮子随身带着的,只有一个属于自己的仓库,那就是它的肚子,"纵有弱水三千,只取一瓢而饮",如果狮子会说话,它对于生活一定会发出这样的感慨。

她说,人类就不同,人类非常迷恋自己的贪欲,他们所建设出的,是数倍于自己身体的仓库,这个仓库太大了,他们就转换成钞票。一边储藏钞票,他们一边说:"多多益善,多多益善。"

完美,特别是极致的完美,更多是一种欲望的呈现,在这种欲望的牵引下,事态发展最终超出了自己承受与接受的能力,对于自己而言只成为一种虚无的数字,已失去了生活应有的意义。我们人类,可以嘲笑动物的幼稚与笨拙,但最终却发现,我们在欲望面前竟没有一只狮子那么坦然与自由。

"采菊东篱下,悠然见南山",现代社会,繁华而杂乱,有时候,我们需要静下心来,想一想我们该以什么样的态度面对生活,最终明确出生活最为本质的目标。只有通过这样的反思,我们的人生才会明确许多,并因清晰呈现出方向而快乐许多。对于完美,我们可以追逐,但却绝不会被它所限制。

一个人的眼光非常重要,因为它代表着你对社会与人生的认识。一个 30 多岁的人,他的眼光更为重要,因为这会指导他的行为,甚至影响他的生命轨迹,他一定要能对这份完美进行再次审视。客观看待自己的目标,自己的能力。在把这些认识清楚之后,才可以去探索我们人生的轨迹。对待完美的这份态度转变,也许才是我们性格变成熟的展现。

只要尽力而为,缺憾亦是美好

人生谁能没有缺憾!

月有阴晴圆缺,人有悲欢离合,生命的旅途必然充满崎岖和坎坷。面对缺憾,每个人的态度却会不同。

有的人,患得患失,只会悲观弃世,以绝望窒息心智,沉浸于过去的一个过失,而失去太多今日应该捕捉的风景。

有的人,却能轻松看待,释去如山重负,步履再次轻松,他心中明白,有所失才能有所得,有小失才能有大得,有局部之失才会有整体之得。

一个30岁的人,一定要能对这份缺憾内容进行客观看待,才能恰当对待,才能经过一份审视与反思后,轻松避过挫折,继续延续生命精彩。

30岁左右,正是一个人生命的黄金年龄,还有全盘考虑自己人生计划的机会,精力最为充沛,意识与性格最为成熟,此时正可全力书写人生的精彩;而如果不能释怀那曾经的生活遗憾,就不会有转过身去面对明天的可能,如果总是沉浸于往日黑暗的回忆,就不会抬起头看到今日星空的璀璨。

对于每个人,释怀遗憾,并不是一件容易的事情;但身后还有更多精彩内容在等待我们,也许这可以给我们一个最好的理由选择离开。

有一位推销员,业绩非常突出,年薪可以达到6位数字。可很少有人知道他原来是历史系毕业的,在做推销员之前还在学校教过书,他并不乐于提起他的这段经历。

"实际上,我是个很没趣的老师。"他说,"我的课沉闷,学生都没有兴趣,效果非常不好。我的课之所以没趣,是因为我对教书没有兴趣。后来学校人事变革,我没有背景关系,就这样被解聘了,理由是我与学生无法沟通。这件事情对我冲击很大,到现在我还能记得那种感受。不过,通过这件事情,却使我开始重新考虑自己:我应该有什么样的人生?我又具备什么样的能力?当我考虑清楚之后,我进入了销售这个行业。"

"塞翁失马,焉知非福,没想到离开之后,我获得的是更为宽广的发展平台,解聘促使我从一个懒散的状态中解脱,并因此开始奋发图强,最终,我闯出今天这个局面。"

失败并不可怕,每个人的人生都会遭遇失败,如果不能从一次失败中走出,

恐怕这才是人生最大的失败,因为它所带来,是人生一系列的失败。那些成功的人,他们经历了更多常人所不能想象的失败,而正是他们能从每次失败中走出,并能分析每次失败的原因,吸取其中的教训,所以他们才会比常人更加靠近成功。

生活中,我们会频繁遭遇失败,比如考试的一次失利,学业的中断,工作的失误,婚姻的分离。经历这些,没有人不悲伤,因为他是对自己的一次否定与挫折,但经过反思与整理之后,我们又要能从中走出,因为这样的磨炼,我们的性格更为坚强,因为这个颠簸,我们也会更加珍惜我们的生活与光阴。

没有什么比发现自己的平凡更为可怕。但对于这些,人们又无从选择,对此,每个人都会想方设法去证明自己的卓越与不同,但最终结果却依然不能改变。在这个事实面前,我们又能以什么样的态度面对?客观对待缺憾,也许就为我们遭遇美丽创造出又一个契机。

关于印度泰姬陵的故事,非常有趣。

3 个多世纪前,印度皇帝沙加汗,决心为他难产而死的爱妃蒙泰兹建造一座举世无双的华美陵寝。设计当然从外到内巨细无遗,倾尽所有珠宝的装饰与人们的想象,在设计中也总是追逐完美的对称。不过这座耗资过巨的爱之杰作,最终弄得民穷财尽,沙加汗被篡位的亲生儿子囚禁,最终郁郁而亡。

他原先所追逐的完美也无从完成,因为他本来为自己在泰姬陵设计了一座黑色大理石陵寝,与泰姬陵遥遥相对。

更可悲的是,他死后无处葬身,就被放置在泰姬陵内,附属于蒙泰兹棺椁之旁,这却绝不是他所追逐的对称之美。虽然如此,他却得以与蒙泰兹同枕共穴。若他地下有知,不知他该遗憾,又或是庆幸?

我们要认识到不完美是做人的常态。太过追逐完美的沙加汗,最终没有获得他所期望的对称,而在不完美中,却造就了与爱妃的同穴共枕。缺憾会必然出现,成为我们生活的内容,我们依然要延续自己的脚步。因为这份对不完美的认可,生活中我们会允许自己犯一些小的错误。犯点错误并不是世界末日,学会宽容,不要总是盯着短处,悲伤与懊悔于事无补。唯一使错误有价值的方法,就是冷静分析,寻找原因,并转化成自己的经验。

彩虹虽失去了磐石的永恒,但却可迸发出瞬间的美丽;山岳不能拥有流水的轻灵,却累积了自身的巍峨;莲花虽未得牡丹的雍容,却可呈现自身的高洁。

我们要学会给人生留一些空白。聪明的画家,不会在自己的画中布满颜色与图像的符号,他会聪明地利用空白,留给观众想象与思考的空间,这样大家都不会感觉疲惫,并且又获得更多的交流与认可。当今社会,我们有如此多关于完美的追求,那我们是否会适当给自己一些空白,使自己的生活得以舒缓,使自己生命的轨迹更加简单而清晰呢?

一个 30 多岁的人必然曾经经历过不完美的情况,如果你还纠缠在其中而不能自拔,恐怕你就会因此失去太多迎接美好的可能,趁着我们的岁月不,去透彻完美的真谛,并接纳这份残缺,我们的生活会因此而焕发光彩。

眼光 21　看清自己的位置，任何时候都要保持清醒

你身处何方？又要往哪里去？在动身启程之前，你有必要弄清楚这些。如果你连自己所处的位置都不清楚，又怎能看准前方的路呢？保持清醒，找准自己的定位，只有这样你才能一直走在正确的道路上。

给自己的人生定位

你是否感到你的人生太过平凡，每天总是碌碌无为？

如果是这种情形，那你不妨给自己的人生一个明确的定位，人生自此就会有所方向可以依寻。

计划最大的作用，就是指引主体前进的方向，因为人们在一段时间之中，在一个环境之下，目光与意识有限，会经常看不到人生的方向，最终使得自己的人生轨迹在原地踏步，而不能取得任何进展。准确的定位，却可以使人生发展自此有章可循。

一个定位，是一个目标，有此目标牵引，心中就会有所挂念，就会施展自己全部的才华与能力，去为这份目标的实现而努力；定位就是追求的开端，清点自己手中的资源，设计好到达的路径，终点就是心中向往的成功。

30 岁的定位，是最为重要也是最为有效的。30 岁之前，我们也许还没有这份准确定位的能力,30 岁之后,也许就不再有这份必要。如果你对未来有清醒认识,那你将有美好的生活;如果,你还不能对自己做出清晰的定位,那建议你去全力思考这一问题,并探求其中的答案。当自己的眼光发生改变之时,你的生活可能也会因此而呈现不同。

张枫在广州上学,大学毕业之后,一时感到前途迷茫,寻找不到自己生活的方向,也不知道自己的事业该如何规划和发展。

张枫学的是工程监理专业,离校后,就进入工程公司,每天奔走在各个项目之间。做了一段时间,他感觉这个工作并不适合自己,因为他一直喜欢设计,希望能从事一些服装或服饰设计的工作,他认为自己在设计行业中能做得更好。经过一段时间的考虑之后,他毅然辞职。

在广东,有许多工厂,张枫进入到一个制鞋企业,开始追逐他的设计师梦想。他从一个学徒开始,熟悉工作的流程,学习配色,学习欧美流行趋势分析,并逐渐能开展一些融入自己想法的设计。在 2010 年年底的时候,张枫终于推出自己设计的一款鞋子,并且大受市场好评。

对于这份成绩,张枫并没有感到满意,他又发现了网络的平台,他计划在设计更成熟之后,就借助网络平台推出自己的品牌,利用工厂资源,将自己的事业推上另一个发展层面。

对于张枫来说,现在谈成功也许还为时过早,他还有很长的道路要走,但这样的收获与刚离校时的茫然相比,已经是天壤之别了。有了定位与规划后,人生就有了方向,也许路途还有很多的磨炼和挫折,但明确的方向会因为他的理想开拓出一条发展的道路。

对于一个年轻人来说,你更应看到危机中所蕴藏的机会,与所能提供给自己的一片广阔的施展空间。找准自己的定位,努力探求目标实现的可能,现实最终会给你超出原先想象的收获。而要获取这份成功,所要做出的努力只是在最开始的时候对自己有一个准确的人生定位。

孔子被认为是中国古代最伟大的思想家和教育家。

孔子年轻时候，就有一腔的抱负，先后在齐、鲁从政，但为社会环境所限，并未拥有施展才华的机会。最后鲁国举行郊祭，而没有送祭肉给孔子，表明不想再任用他，孔子不得已，只能离开。这一年，他 55 岁，开始周游列国。

孔子带弟子先到了卫国，在卫国住了约 10 个月，因有人进谗言，卫灵公派人监视他，孔子只能离开。孔子本打算去陈国，路过匡城时，因误会被人围困了 5 日，到了蒲地，又碰上贵族发动叛乱，再次被围。此后孔子几次离开卫国，又几次回到卫国，这一方面是由于卫灵公对孔子时好时坏，另一方面是孔子离开卫国后，没有去处，只好又返回。

后来孔子离开卫国经曹、宋、郑至陈国，被服劳役的人围困在半道，前不靠村，后不靠店，粮食吃完，绝粮 7 日，最后是子贡找到楚国人，派兵才将其营救。孔子 64 岁时又回到卫国，68 岁时在其弟子冉求的努力下，被迎回鲁国。鲁哀公十六年，孔子 73 岁，患病，不愈而亡。

孔子一生如此坎坷，但他却为自己的目标而不断奋斗，面对所有磨难，他毅然坚持。因为他在最开始的时候，对自己有明确的定位，他知道自己的目标，所有这些只是对这一目标的追逐。孔子最终所产生的社会影响，相信也超出了他的预期——他的思想与观念，影响甚至是决定了两千多年中国封建社会的结构与文化走向。我想这份收获，正是他所期望看到的，并远远超出了他当初的设想。

我们普通人的生活，虽然不能与孔子相提并论，但我们却可以学习相似的方法与态度。我们必须对自己做出明确的定位，我们的人生也才会拥有意义。

准确定位并不是一件容易的事情，我们要去不断探求自己的能力，发现自己的兴趣，看准时代的变化，才能使自己的定位更趋合理，也才能为自己提出最合理的规划。

审时度势，跟上时代的节奏

不存在恒久不变的认知，当我们的认知所依托的时代背景发生变化时，我们要及时关注并调整心态，这样才能使自己跟上时代的节奏，而不为时代所抛弃。《孙子兵法》云："能因敌变化而取胜者，谓之神！"

我们今日所处时代，可谓日新月异。我们的父辈还生活在日出而作，日落而息的舒缓节奏中，忽然我们已是处身在车水马龙的城市之中。生活之中，还有更多疑惑不知该如何言语，也不知该如何追逐自己的目标，最终只能在不断地摸索与尝试中使自己渐渐成熟。

在这一背景之下，我们对自己人生进行定位，设定自己的人生目标，就要能根据环境不断做出调整，这样才能保证自己的目标可以时时符合时代要求。

1969年，在香港珠宝行供职的陈先生决定自己闯一闯。

他当时只有1万元，从事珠宝买卖，这显得有些太少。但陈先生并没有知难而退，凭着自己的眼光和经验，还有多年的交情，他向同行赊购了100多万元的货物，开始从事珠宝贸易。

尼克松访华，中美建交，陈先生敏感地察觉到契机到来了。

中美建交，封锁的大门终于打开，美国人对这个神秘大陆非常感兴趣，一时间掀起了中国购物热。

身在珠宝行的陈先生看准这一时机，调整经营策略，专攻半宝石首饰，出口美国，这一招一炮打响。半宝石价格相对低廉，但需求量相当大，薄利多销，利润相当不错。

陈先生的半宝石生意，在纽约经常会和犹太人交涉，但犹太人是世界上最精明的人，利润被压缩很多。经过反复考虑之后，陈先生决定把自己的批发业务直接搬到美国，从而可以不再受制于人。1977年，陈先生正式在美国开展批发业

务,这样,在美国的市场更加牢固。

时间发展到 1979 年的时候,中国内地实行改革开放政策,陈先生又一次看准了时机,他将大部分产品都迁往中国内地加工,降低了成本,市场竞争力又再次得到提高。

1984 年,陈先生预料到,随着人们生活水平提高,购买力增强,半宝石市场会疲软,他又果断实行战略转移,投资 2000 多万港元,向汇丰银行购买了当时被汇丰接收的珠宝行,开始向精美宝石市场进军,重走高档首饰之路。

陈先生本人只受过小学教育,但他为什么会有如此的领悟力和应变力?他能够逢山筑路、遇水搭桥,能够因时制宜做生意,赚大钱,用他自己的话来说,是因为勤于学习、善于观察。

陈先生在事业上是成功的,他总能敏锐地感觉到时事的变换,并根据自己所分析的结果,及时调整自己的方向与策略,而调整所产生的结果也是空前的。因为变化之中,总是蕴藏着无限的商机,对古老模式的一种变革,一定会因此而焕发出全新的机会,只有那些能敏锐嗅到这些改变的人,才能将这些改变的内容握在手中。最终,每一次变革的发生,都成为陈先生事业发展的一次跃升动力。

我们也要学习陈先生这种审时度势与调整自我的能力。如果大环境在发展,我们就要努力寻求自己发展的机会,如果外界环境低沉,那我们就要适当调整自己的策略,以避免损失;机会涌现的时候,我们要敢于果断出手,机会贫乏的时候,我们又能够养精蓄锐,默默等待机会的再次到来。如果自己总能根据环境变换而对自己的策略与人生方向做出及时调整,那相信我们的前程一定会无所牵绊。

一个年轻人为自己的人生而苦恼,到深山中向智者请教,他问智者:"我人生最大的价值是什么?"

智者想了想,从地上捡起一块石头,说:"你把它拿到菜市场上,有人问价,你就只伸出两个指头,不要讲话,但最终不要卖给他。"

第二天一早,年轻人拿着石头赶到集市,摆上了摊位。

一妇人走过来,问年轻人:"这石头多少钱?"

他不说话,伸出了两个指头。那妇人说:"2 元?"

年轻人不语,她又说:"那是 20 元?好吧!我买了,拿回去压酸菜。"

年轻人听了,心中有些惊诧,不过他没有卖出这块石头。

他把集市的情形告诉了智者:"不可思议,一块石头竟然有人出 20 元钱。"

智者坦然微笑,还是之前的吩咐,不过这次要他把石头拿到博物馆去卖。

年轻人再次抱着石头走了,去了博物馆。回来的时候,他兴奋地对智者说:"不可思议,今天有人要出 200 元!"

智者大笑,说:"如果你想知道你人生最大的价值,那明天把它拿到古董店去吧。"

从古董店回来的时候,年轻人的情绪已到极致:"简直不能相信,有人出价 2000 元要买这块石头!"

智者哈哈大笑,说:"年轻人,你的人生价值就是这块石头,你把它摆在什么地方,它就会有这个地位的价值。"

人生本身就是一个动态的过程,我们又怎么可能一眼看透所有的结果,处在其中一点对自己思考的时候,也许会认为自己是菜市场中那块值 2 元的泡菜石,但在不断尝试之后,你也许会在博物馆,在古董店,发现自己更大的价值。

千里马常有,而伯乐不常有,判断你人生价值的伯乐,也许就是那总在变化的时事。在不断变化之中,也许"伯乐"会发现自己的一些不同,而这些不同又可超出原先对自己的判断,而这些判断,最终又可开启你新的人生。

30 多岁的人生活内容是完整的,遭受过人生的顺逆境,遇到过希望与失望的转换,对于完美与残缺,他能以客观态度看待,对于自己的人生,他也能正确认识并把握人生。他对于人生的认知已是一片透彻,而这些认知又可驱动他去完成其后的人生轨迹。

第五篇

看金钱

——35 岁前要有看透金钱的财富眼光

有人说，金钱是万恶之源。也有人说，钱这个东西越多越好。每个人都对金钱有着自己的认识，但却不是每个人的认识都正确。金钱，我们少不了它，也不能太看重它。不在乎钱的人生活会过得窘迫，太在乎钱又会让自己迷失于欲望的海洋，这两种都不是正确的金钱观。35 岁前，拥有看透金钱的财富眼光，才能在金钱面前摆正自己的位置。

眼光 22　丢掉你的错误金钱观，才能致富

拜金主义不可取，但对金钱也不能抱有无所谓的态度。那些叫嚷着金钱如粪土的人，其中有很多都是在为自己的懒惰和不上进找借口。爱钱的人其实并不庸俗，相反，对金钱的正当渴望还能催人奋进，为人提供强大的精神动力。

谨慎理财，跟"卡奴"生涯说再见

事实上，信用卡的透支功能主要不是为了超前消费，而是应急。因此，从某种程度上来讲，"卡奴一族"要比"月光一族"更加危险。

"信用卡真是种好东西，它可以让你这个月花下个月的钱，还不用付利息，这不就是无息贷款吗？"相信这是很多人眼里信用卡的用途。办理手续简单，消费起来更简单。刷卡时感觉像不用花钱似的，花的时候只图爽快了，哪还来得及顾虑如何还款的问题？这让很多理财意识淡薄的持卡年轻人无时无刻不面临着"债台高筑"的局面，每个月的工资大部分都拿来还给银行，成了不折不扣的"卡奴"。

其实绝大多数刚刚步入职场的年轻人的消费习惯都是在大学时代养成的。近些年，信用卡渗入校园，大学生信贷消费日益盛行，然而让人遗憾的是，大学生相关的"财商"并没有随着信用卡的流行而增长，再加上绝大多数大学生都是靠着家里给的生活费过日子，不知道自食其力的艰难，因此见到能透支的信用卡自然是如获至宝。"卡奴"一族由此渐渐形成了。

从银行走出来的那一刻,孙楠楠感觉自己终于解脱了,不堪重负的半年"卡奴"生活使她身心俱疲!站在阳光下,她突然发现,原来天变得那么蓝,呼吸是那么畅快。"刚才,我把最后一笔欠款还完后,就立刻把卡报停了,这半年真是折磨死我了!"孙楠楠轻快地说。现在,她就像一只刚刚挣脱枷锁的小鸟。

孙楠楠是黑龙江一所大学的大三学生,去年冬天的一个下午,她在下课回宿舍的路上见到某银行正在推销信用卡业务,"每月可以透支3000元"的宣传打动了孙楠楠的心。以往,看到了喜欢的东西要攒够钱才能买,可有时钱攒够了东西又卖没了。于是,她也想尝试一下"花明天的钱,圆今天的梦"。

"我每个月有1000块钱的生活费,当初只是想,如果真的透支了可以用生活费还上,没想到……"孙楠楠叹息着说。

元旦临近,各大商场搞起了打折促销活动,孙楠楠花了半天时间前去"淘宝",化妆品、衣服买了一堆,花光了生活费不说,还在卡里透支了500多块钱。她原本计划"紧缩"下个月的生活费还上,不料同学过生日又要吃饭应酬,不但没能用生活费还上欠款,还让她又透支了1000块钱。

一个月的还款期限迫在眉睫,她不敢跟父母说一个月花了2500块钱,尤其还向银行透支了1500块钱。只得瞒着家里向同学借钱,用来还银行的欠款。可同学也大多是"月光族",孙楠楠借了好几个同学的钱才凑够1500块钱。

好容易堵上银行这个窟窿,她又要为欠同学的钱发愁了。"下个月不吃不喝也才1000块钱,根本还不上欠的钱。"无奈,孙楠楠只得再向银行透支下个月的钱来还同学的钱。如此反复,搞得她整天神经兮兮的,上课也没了劲头,密友说她像是"霜打的茄子"。

"每个月的生活费都不够花,经常要借钱还款,拆东墙补西墙,就这么一直恶性循环下去,最后我只能打工还债。"

为了堵上银行的"窟窿",孙楠楠在学校附近的影楼找了一份化妆师的工

作。老板是刚毕业的大学生,体谅她每天还要上课,允许她没课的时候来上班,每个月 800 块钱加提成。孙楠楠像抓住了救命稻草一样珍惜这份工作。"我对化妆还算有点兴趣,而且如果客人多选片子我就会有提成。这样,还清银行的钱就有希望了。"刚接触工作的孙楠楠满怀信心。

从那以后,孙楠楠每天奔波于课堂和影楼之间,常常顾不上吃饭,就连约会逛街都"戒"了。"我得去上班。"好友找她逛街吃饭,总会从她嘴里听到这句无奈的话。

在影楼煎熬了 3 个月后,孙楠楠才"赎"出自己的自由身。她用打工赚来的钱终于还上了透支的钱。

这段经历让孙楠楠刻骨铭心。"其实挣钱并没有我原来想的那么简单。起初,老板还可以通融你回去上课,可大三课多,总不上班老板也不乐意。总是旁敲侧击、含沙射影地刺激你,听着心里可难受了。那时我就对自己说:等挣够了还银行的钱,说什么我也不干了。"孙楠楠说,"还清了银行的钱,也懂得了工作挣钱的不易。"

孙楠楠是幸运的,因为她在大学时代就深刻体会到了欠人家钱是一件多么恐怖的事情。也正是因为她还在上大学,时间相对比较宽裕,因此才有能力靠着出去打工把欠下的钱补上。想想看,如果她不是一个学生,而是一个公司职员,她又哪里有时间和精力去额外打工赚钱偿还信用卡欠款呢?拖到最后,恐怕也就只能厚着脸皮向家里求助了。

事实上,信用卡的透支功能主要是为了应急。因此,从某种程度上来讲,"卡奴一族"要比"月光一族"更加危险。"月光族"好歹还能维持一个收支平衡,并且随时都可以抽身而出,开始理财。而"卡奴"们就真的是在给信用卡打工了,他们每个月拼了命才能把欠银行的钱还上,可一旦遭遇一些类似"生病"之类的意外事件又该怎么办?能借钱的人早就借遍了,难道就只好在家里硬挺吗?因此,如果你是一个"卡奴",你必须要从下一秒开始,下定决心,抽身而出。

下面列举使用信用卡的几大原则：

1.选择适合自己的信用额度

银行根据不同的透支额度推出了一系列信用卡。但并非透支额度越高的卡就越好，你应当根据自己的需要选择适合自己的信用卡，并且在做好每个月支出预算的基础上，再酌情使用信用卡的透支功能。

2.通过使用信用卡学习理财技巧

信用卡一般都有一定的免息期，因此你可以算准这个时间，在免息期内还款。在使用信用卡的时候多掌握一些理财的基本常识，你也可以为日后积累财富打下一个理论基础。

3.与"睡眠卡"说再见

现阶段，各大银行为抢占市场份额，纷纷推出各种主题信用卡。很多追求时尚的年轻人会因为其漂亮的卡面设计而成套地办理。但事实上，这些卡片激活之后往往用不了几次就被束之高阁，成为"睡眠卡"。"睡眠卡"攒多了也是一笔不小的、而且完全不必要的开支，所以我们应该定期清理卡片包，发现长期不用的卡片及时到银行网点注销。

总而言之，既然我们已经步入社会，已经是成年人，已经自食其力了，我们就应该对自己的行为负责。要知道，卡奴已落伍，"负翁"也可耻。树立正确的理财消费观，培养谨慎的理财消费习惯，用自己的能力体现自身价值，才是当代有为青年中最时尚的"新新人类"。

让发家的欲望助你扬帆起航

适当的欲望，可以助一个人不断地成长，实现心中的理想。一个人如果对任何事都没有欲望，那么他就无疑是一具行尸走肉，生活对他来说没有任何的意义。如果一个人对金钱没有任何欲望，他怎么会获得更多的财富？

从前有一个年轻人很希望自己能够富有起来,但自己又找不到获得财富的办法,于是,他就去拜见苏格拉底:"请问,我如何才能获得财富呢?"

对于年轻人的这个问题,明智的苏格拉底并没有直接告诉年轻人答案,因为他知道,说出来的,不如让他亲自去经历,然后去领悟。于是,苏格拉底把年轻人带到了附近的一条小河边,直接将年轻人的头按进了水里。任凭那个年轻人怎么挣扎,苏格拉底就是不放手,最后,年轻人用了九牛二虎之力才挣脱了苏格拉底强硬的手。

"先生,你……你这是干什么?要置我于死地吗?我们……我们可是无冤无仇啊!"年轻人气喘吁吁地说。

苏格拉底笑了笑:"年轻人,能告诉我你刚才最需要什么,最渴望得到什么吗?"

"我……我最渴望接触空气,让我呼吸。"年轻人若有所思地说。

"这就是我要告诉你的,是你求生的欲望让你拼命地挣扎,最后脱离苦难。就像财富一样,如果你也有这样强烈的欲望想得到财富,相信你一定可以达到你的目的,获得财富。"还没有等年轻人完全平静下来,苏格拉底就郑重其事地说。

苏格拉底用最明智的做法告诉那个年轻人,要想拥有财富,就必须有对财富的欲望,不断地寻求获得财富的方式与方法。其实,苏格拉底所指的欲望就是一种志在必得的信心,那些有眼光的人,他们如果渴望得到什么东西,就会时时刻刻都告诉自己一句话:"我要,我一定要,我一定能成功。"

现实生活中的很多人之所以对财富来说是一个绝缘体,主要就是因为他们没有长远的眼光,没有追求财富的强烈欲望。起初他们对金钱是可有可无的态度,最后感觉自己要得到财富简直是痴人说梦、天方夜谭,很多人对财富的憧憬就这样不了了之了。

追求财富,我们就应该用长远的眼光来看待生活,审视金钱。你可以想象当你获得财富后的愉悦：你可以买你想要拥有的东西，你可以帮助很多需要帮助的人，你可以给孩子一个美好的未来，等等。由此一来，你的内心就会产生一种强烈的欲望，让你将眼光放长远，预见未来，并实现梦想。

眼光 23　培养花钱的艺术

花钱谁都会，但大手大脚地花钱叫浪费，节衣缩食地花钱叫小家子气，真正能够把钱花好的人并不多。如何花好手里的钱，让自己的生活水平得以保持，又不至于铺张浪费，这着实称得上是一门艺术。35 岁前，培养自己花钱的艺术，才能让今后的生活越过越好。

多动心思，理智消费

"会赚钱是一种能力，会花钱是一种艺术"，这是当今社会流行的一种说法。人的生活包括物质生活和精神生活，赚钱的多少决定着你的物质生活是否富裕，而如何花钱则意味着你的精神生活是否精彩。那些聪明的人，有眼光的人，会花钱的人讲求的是一种理智消费，把每一分钱都花在刀刃上。他们的心中始终抱着"有钱，但并不代表你必须奢侈"的心态，遵循着"只买对的，不买贵的"的原则。

生活在这个经济迅速发展的社会，我们不得不考虑一个问题，那就是如何发挥每一分钱的价值，如何进行理智的消费。其实，这个问题并非那么难解决，只要你有理智的头脑，有长远的眼光，相信你就可以很合理地支配自己的金钱。你不仅能够从花钱的艺术中体会到生命的真谛，还可以从赚钱的过程中体会到生活的乐趣。

张仪马上就要结婚了，家具那是必备的，但是真正让张仪的老公不理解的是，张仪一再坚持买电器的时候买节能型的。

张仪的老公在市场上看了很多遍，他发现这种节能型的电器要比一般的电器的价格高出好多。就拿电灯来说吧，一个普通的60瓦的灯泡大约只需5元钱，而一个8瓦的节能灯的价格就高达27元钱。尽管不乐意，但是碍于结婚，张仪的丈夫只好一狠心，照张仪说的那样将电器全部买成节能型的。

张仪的老公一直感觉多花的那些钱挺亏的，但婚后他才发现，节能型的灯泡按照每天使用6小时来计算的话，每年居然可以节省将近80度电，再加上其他电器使用时节省的电，这真为他们的新家节省了很大一部分开支。此后他总是对张仪说："老婆，你太英明了，虽然咱们当时花了一大笔资金，但现在都可以省回来。"对于张仪来说更是如此，自己的举动不仅让她明白了作为一个女人应该怎样持家，而且还让她深刻地体会了花钱的艺术和赚钱的意义。

其实，很多时候，一个人能够赚钱并不代表他有品位，会生活，懂得享受生活，只有一个会赚钱又会花钱的人才可以称得上是一个有眼光、懂生活、知情趣的人。就像张仪一样，她可以通过节能电器来为家里节省开支，这就是一个很明智的做法；当然，在作出这个选择的时候，她也是动了心思的。

所以，我们只有懂得怎样去动心思让每一分钱体现自身的价值，在不放弃享受与不降低生活水平的前提下，花最少的钱，让自己达到同样的目的，我们才能够更好地体会到生活的美好，才能算得上是一个有远见有头脑的人。

但是，在现实生活中却有很多这样的人，每当商场或是超市做什么活动或者买东西赠送礼物的时候，他们就会自掏腰包毫不犹豫地将产品买回去，但回到家才发现这样的商品自己以及爱人、孩子都不需要，最后也只能将其闲置起来。这样的消费方式是一种很不理性的消费，最终也只能使自己白花钱，买的东西还用不上。所以，我们应该时时动脑，理性消费。

琪琪大学刚毕业的时候，同事们都称其为"月光女神"，因为不管每个月发多少工资，她都会花得精光。每次去逛街的时候，她只要看到自己喜欢的就买，从不考虑自己需不需要，她衣柜里的衣服很多都是只穿了一次，甚至还有新的。几年后，她看到很多同学都开始用自己攒下的钱创业了，她的心里才开始发慌，看看自己卡里的余额，几乎一无所有。

于是，她开始反省这几年来自己的工资去向，最后她终于意识到自己总是购买一些不需要的东西，这才导致了今天的结果。

接下来，琪琪就决定改掉以前大手大脚的习惯，给自己详细地制订了每个月的支出计划。从那以后，每次看到自己特别喜欢的衣服时，她总是会考虑自己月计划中有没有这项支出，即使有，自己买回去是否能穿；每当看到高档的化妆品时，她也会想自己家里还有呢，买回去也是放着。琪琪终于学会控制自己，理性消费了。

就这样，3 年又过去了，琪琪银行卡上的数字也越来越可观。之后不久，她就辞去了自己的工作，开起了一家火锅店，自己当起了小老板。

有不少人都像琪琪一样，很多时候只为了满足眼下的需求就盲目消费，而从来没有为自己的长远考虑过。这种消费方式让他们浪费了太多的财富，直到真正需要钱的时候他们才叫苦不迭。

不管什么时候，我们都应该保持清醒的头脑，具备长远的眼光，把每一分钱都花在刀刃上。在消费之前先考虑一下，钱花得值还是不值，我们要懂得控制自己的欲望，做到理性消费，成为自己以及家庭的理财专家。

信用卡帮你圆今天的梦

当你请朋友吃饭的时候,你还在苦苦预计可能花费多少钱,自己必须取出多少钱才够用吗?当你买东西的时候,你还是怀揣大量的现金出门,心里时时提防扒手吗?当你出国旅游的时候,你还在为兑换外币的事情担心吗?当你买机票的时候,你还依然在网上苦苦寻求网址,或者亲自去机场买吗?告诉你,其实这所有的一切,都可以通过信用卡来帮助你完成。

有了信用卡,我们的生活显得更加方便,同时信用卡还为我们提供了很多的增值服务出差旅游的时候,有信用卡你就能做到"一卡在手,万事皆通",在外地使用信用卡不仅不向你收取异地手续费,还可以享受更多的刷卡优惠政策。

李先生是个生意人,经常因公外出,他每次出去的时候都只带一个公文包,轻松又便捷。很多人都纳闷他外出怎么什么东西都不带,原来李先生用上了信用卡,买东西不仅便宜,还可以享受增值服务。

李先生的儿子在和女友外出旅游的时候,他同样也给儿子办了一张信用卡。儿子回家后直夸信用卡好用,"老爸就是有眼光,信用卡这东西不错,好用还方便。"

很多人也知道信用卡的好处,但是在现实生活中,却没有多少人将信用卡的所有好处发挥出来。有些人从不用信用卡,这让他们的生活一直过得有些拮据;有些人过度使用信用卡,落得负债累累,而且还要付每月高额的利息。

张娟是内蒙古一所大学的学生,家境不是很好,但是张娟喜欢买时尚的服装,喜欢吃高档的休闲食品。由于父母每月给的生活费少得可怜,所以她一直都不能随心所欲地花钱。

张娟想,如果自己有了信用卡,就可以买喜欢的东西,吃自己爱吃的零食。于是她毫不犹豫地办了一张,开始大肆购买自己所需的东西,每个月都会使自

己的信用卡透支好多。面对这一切，张娟毫不在乎。

直到 3 个月后的一天，她去买自己喜欢的一件呢子大衣，一刷卡，发现卡被注销了，最后张娟灰心丧气地回到了宿舍。第二天银行居然来人让其偿还透支的钱以及利息，否则将有坐牢的可能，当时张娟就傻眼了，立马拨通了家里的电话，将情况告知父母。张娟的父母是不可能看着女儿年纪轻轻就吃官司的，于是便开始四处筹借，甚至变卖家中的东西，最后才使张娟脱离危险。

像张娟这样的情况在生活中是经常发生的，这些人不懂得从自身经济实力出发，而是目光短浅地满足自身眼下的需求，忘记了可能带来的恶性负债。这也是很多人不喜欢信用卡的原因，因为他们不懂得巧用信用卡，不懂得什么叫用明天的钱圆今天的梦。由此可见，我们必须学会巧用信用卡，才可能将信用卡的力量发挥得淋漓尽致。

巧用信用卡，我们建议多刷卡，因为那样可以免掉年费。当你在办卡的时候，银行将会向你收取 150 元或者 300 元的年费，这对于很多人来说都是一笔不小的开销。对此，各大银行都推出了一个政策，那就是如果你刷卡次数达到他们规定的标准，那就可以免掉年费。

另外，我们还必须学会计算并使用免息期，一般的信用卡都可以享受 50~60 天的免息期。如果你办理的信用卡银行记账日是每月的 15 号，到期还款日是每月的 20 号，而你在本月的 14 号刷卡消费，下月的 20 号还款，你就享有 36 天的免息期；如果你在本月的 25 号刷卡消费，那在下下月的 20 号还款，你就享有了 55 天的免息期。除此之外，我们还必须意识到并充分享受银行所提供的增值服务。

如果在使用信用卡的时候，我们能够做到以上说的，那么定能够享受信用卡给我们带来的很多好处，不仅是购物折扣、抽奖有礼等这些好处。很多有眼光和有见识的人都可以意识到，其实信用卡还可以用来投资理财。尤其是在近几年，基金成为很多人投资的方向，但他们又苦于没有资金进行投资。其实，面对这样的问题,信用卡就可以帮助你解决,你不仅可以享受先投资后付款的待遇,还可以获得红利积点的优惠。但这种使用信用卡进行投资的方法风险是非常大的,不适合长线投资。

不管怎么说,信用卡在当今社会的地位是不容置疑的,它不仅使我们的生活轻松起来,还可以让我们圆今天的梦。在使用信用卡的时候,为了给自己的生活以及未来一个保障,我们必须具备长远的眼光,必须掌握信用卡真正的价值意义,并将其的力量发挥到极致。

眼光 24　储蓄,最稳妥的理财方式

时下的年轻人大多不懂得理财,月光族在白领中非常普遍。为了今后的生活着想,储蓄还是有必要去考虑一下的理财方式。合理地选择储蓄的方式,不仅能让你的钱保值增值,同时也为你的后半生提供了坚实的保障。

别让工资卡里的钱"睡大觉"

日常生活中,我们经常见到这样一种现象,很多打工一族和一些有家室的人常常把自己每月辛辛苦苦赚来的工资死死地存在自己固定的工资卡中,用的时候再慢慢取出来。其实这是一种很安全的储蓄方式,但是他们却忘记了一点,随着社会的发展,很多的储蓄方式已经如雨后春笋般出现。一点点积累自己的财富已经不是理财的高明做法, 当今社会讲求的是怎样让自己的金钱拥有钱生钱的超能力。

有一个有钱的财主要外出 3 年。临行前他将自己的钱财分给自己的 3 个仆人来管理,根据他们不同的才能,有一个分到了 8000 两银子,一个分到了 5000 两银子,最后一个分到了 3000 两银子。分完这些钱财后,财主就动身离开了,而这 3 位仆人也带着自己分得的财产,开始想方设法地去利用。

那个分得 8000 两银子的仆人在主人刚走就去市场上开始做生意, 他通过自身的能力很快就使自己手中的财富翻倍;那个分得 5000 两银子的仆人,带着自己的金钱去进行了各种各样的投资,不多久,就获得了很多分红,他手中的财富也增加了不少;而那个分得 3000 两银子的仆人由于胆子特别小,也不知道自己能做什么,于是把钱存了起来。

3 年很快过去了,有钱的财主也回来了,并询问他们是如何处置手中的财富的:那个获得 8000 两银子的仆人很高兴地拿出自己赚取的 8000 两银子,主人看了非常高兴,于是将这些银两赏给了这位仆人,他用这些钱给自己建了庄园,而且还在市场上不断寻找赚钱的机会,不久后就成为了当地一位有钱的庄园主。

那个获得 5000 两银子的仆人也将自己分红获得的钱财拿了出来,主人一看也不错,于是把那些钱财赏给了这位智慧的仆人,他最后做起了自己的生意,变成了一个富有的人。

而第三个仆人不慌不忙地将原原本本的 3000 两银子拿到了主人的面前:"主人,我知道你是一个仁慈的人,我怕自己做生意把钱赔了,所以,我把它存了起来,现在我一分不少地还给你。"

主人听了第三个仆人的话,非常地气愤:"你这个胆小怕事的家伙,外面的机会数不胜数,你却不懂得利用这些金钱来赚取更多的财富,要你何用?"说罢,就夺过那 3000 两银子,将这个仆人赶了出去。最后这名懒惰的仆人沦落成了乞丐,饿死街头。

这个故事告诉我们要懂得如何对待自己的财富,不是像第三个仆人一样做一个呆板的守财奴,让自身具有的钱财像他自己一样懒惰睡大觉,而是要像前两位仆人一样选择适合自己的方式,让自己的财富滚雪球般积累。

当你学会让自己的金钱达到钱生钱的效果,那就说明你无形之间已经学会了理财,其实理财就如同中国古时候的一句话,"勿以善小而不为,勿以恶小而为之"。理财已经成为当今社会的一个热门话题,很多人也经常为如何让自己的钱财发挥它自身的价值而苦恼,因为他们不想成为守财奴,而是要让工资卡的

钱转起来,不能让工资卡里的钱"睡大觉"。

社会在不断进步,储蓄的方式也很多,能够让自己工资卡里的钱转起来的方式也很多,我们应该跟上时代的脚步,把自己的眼光放长远,选择一种正确的钱生钱的方式,而不是让自己工资卡里的钱"一睡不醒",最后损失不该有的损失。

赵刚是一家外资企业的员工,每月的工资有 6000 元,他工作期间一直和父母一起生活,所以每个月的花销是非常少的。但是面对剩余的工资,赵刚并没有想到什么好的方法进行处理,而是把钱存到了银行,拿着微不足道的利息,当自己的钱高达万元的时候,赵刚才会想着把钱取出来。

有一次他在和朋友聊天的过程中,听朋友说了很多新鲜的东西,比如怎样获得更高的利率,怎样合理分配自己的工资。这时候,赵刚才意识到自己以前的储蓄方式让自己损失了一笔不小的收入。

于是赵刚决定抽时间去专门了解一些有关储蓄和投资方面的东西,最后赵刚找到了适合自己的方法,他用自己的工资卡在单位附近的一家银行网点上申请开通了自动约定转存服务,当卡内的资金达到 2000 元时,就会自动将钱转到赵刚的定期账户内。一年以后,赵刚卡内的资金利息比往年要高出 75%,看到这一切,赵刚别提有多高兴了。

赵刚起初对储蓄的相关知识没有多少了解,从而也不懂得怎样合理分配自己的金钱,而是让自己工资卡内的钱"呼呼大睡",最终使自己损失了不少的收入。但后来,朋友的一席话可谓瞬间惊醒梦中"钱",他选择了正确的方式让自己的钱转了起来,也使自己积累的财富明显增多。

现如今的社会,人们提倡理财,但理财并非让你去做守财奴,呆板地将财富储蓄起来。尤其是打工一族和一些有家庭的人士,我们一定要懂得选择合理的储蓄方式,让自己工资卡里的钱转起来,而不是睡大觉,只有这样,才能使你的钱生出更多的钱,为你累积更多的财富。一个懂得如何让钱生钱的人,才是一个有眼光、有远见的智慧者,他们知道,呆板的储蓄不会让自己的获利颇丰,而且呆板的储蓄是一种很愚蠢的行为。所以,我们要做一个有眼光的人,将自己工资卡里的金钱唤醒,不要让它们继续"睡觉"了。

你需要看穿的储蓄规则

面对当今社会各种各样的储蓄方式以及这些储蓄方式所带来的利益,很多人因此纷纷选择了一些储蓄方式,以求让自己的资金活起来,使自己额外得到一笔收入。但是,为什么不少人在选择了储蓄方式后,不仅没有收到利益,而且还损失了不少?其实这并不是因为银行没有对大家负责,而是很多人不了解在储蓄过程中所要遵循的储蓄规则,就随大流地盲目将金钱进行储蓄,从没有在意过这种方式是否适合自身的条件。

建霞刚刚来到北京上班时,起初自身没有什么能力,工资也只能维持自己的生计,但由于她聪明好学,在公司提升得很快,工资也随之增长了不少。看着卡里的存款越来越多,建霞也没有怎么在意过。之后她在和朋友闲聊的时候,听朋友说到了各种各样的储蓄方式,她感觉很好,于是让朋友带她将自己的存款存了起来。

建霞本以为不久就会得到一笔不菲的收入,于是在 3 个月后她去了银行想取出自己的存款。但由于她存的是死期,工作人员给她解释如果现在取,可能会损失不少,建霞听得云里雾里的。最后还是取了,但结果让她很失望,卡内的钱不仅没有增多,还少了不少,最后去询问才知道,由于自身存的是死期,还没有到期就提前取是要给银行付一定的费用的。

建霞本来是想通过储蓄的方式来获取利益的,但最后却自己让自己损失了钱财,其原因就在于她不了解储蓄中的一些基本规则。所以,不管是谁,在储蓄的时候,一定要先对储蓄有一定的了解后,再选择一种适合自己的方式。只有这样,才能够达到自身所想要达到的效果,否则,你不仅不会受益,还可能有损失。

所以,在选择储蓄作为我们自身的投资工具时,我们要对其中的一些存款规律有一定的了解,以最小的投资,换取最大的回报。在储蓄的过程中,我们首先要明白,如果你有一笔不小的金钱,而且在近期内是肯定用不到的,同时你又想获得最大的利息收入,那么以下几点值得你考虑。

1.选择同期大额可转让定期存单

这种储蓄种类比一般的定期储蓄利率要高,但这种方式一般不到期是不能支取的,而且到期后利息不计,流动性也非常差,但对于某些群体来说也是一种非常好的选择。

2.选择整取整存法,而且也是定期储蓄

对于这种方式,你存储期限越长,你的年利率也就越高。对于这一点我们还必须注意,如果你直接存的年限是定期储蓄上有的年限,那你的利息是最高的;如果你想存的年限是定期储蓄上没有的,你就应该考虑选择两年存期差距稍大的定期储蓄,例如你想存一个 9 年期的,你选择一个 8 年期和一个 1 年期,比你选择一个 5 年期和两个 2 年期的利率要高。所以,你可以通过自身想存储的年限的不同来衡量,并加以选择。

3.选择复合存款法

这种存款方式适合那些不怕麻烦或休闲时间比较多的人群,复合存款法也就是将两种或两种以上的储种进行套存。这种方式比一般的单一存款方式的利息要高,只是这种存款方法比较麻烦,每个月都要即存即取。

对于那些资金不多,而且时时都可能用的人来说,最好还是选择活期存款。活期存款相对来说比较灵活,你可以随时取随时用。

不论我们选择哪种储蓄方式,最终的目的都是让自己获利,让自己的钱吸引更多的财富,而不是因自身原因使存款本金受到损失。

存款本金的损失主要是在通货膨胀的情况下出现的。在这个时候,储户如果没有特殊需要和非常有把握的投资机会,就不要轻易地将自己的定期存款取出。

即使面对定期存款收益更高的投资机会时，储户也应该认真地做个衡量，而不是跟随别人的呼声，盲目地进行投资。

如果自身的定期存款即将到期，那储户最好还是继续持有原有的定期存款。即使你想购买高利率的国债或者债券，你可以通过其他的门路获得资金，进行想要的投资。

还有一点储户必须明白，当你的定期存款到期的时候，一定要记得转存或者选择更适合的投资方式。因为定期贷款在到期后是按活期存款的利息来计算的，而活期存款的利息只是定期存款的三分之一，如果你不及时转存，就可能使自身所应该获得的利息减少。

其实不管怎样选择储蓄方式，我们都应该掌握储蓄最基本的储蓄规则，根据不同的利率水平和不同时间段的波动趋势，进一步分析该储蓄种类未来利率的发展趋势。最后再结合自身的实际情况（比如工作性质、身体健康状况等）来选择适合自身的投资方式，这样的做法才是最为明智和长远的。选择好适合你自己的储蓄方式，不仅可以使你获取较高的收益，还可以减少利率波动所带来的风险。

眼光 25 投资赚大钱的锦囊妙计

物价飞涨的社会里，钱变得越来越不值钱，钞票放在手里不再是最妥帖的方式，也许它们过不了多久就会贬值。在这种情况下，选择基金、保险等进行投资无疑是一种不错的理财方式。通过这种投资，我们手中的钱不仅能够保值，甚至还有可能实现增值。

让保险为我们的人生保驾护航

"天有不测风云。人有旦夕祸福"，在漫漫人生路上，我们谁都不能保证自己能够安安稳稳地过完自己的一生，因为一些意外事故以及疾病可能隐藏在我们的身后，说不定哪天就会突然冒出来，让我们措手不及。或许原本幸福的一个家忽然变得一败涂地，一个无限风光的人最后变得堕落。这一切的一切都促使很多人开始寻求一种能够给自己的未来以一种保障的方式，很多人选择了让保险为自己的人生保驾护航。

有人说，保险就像一个女人找老公，一个男人找老婆一样，在你最需要帮助的时候，他（她）会及时出现，解决你所面临的困难和问题，时刻关心你爱护你。

当今社会，保险不仅可以给予我们的未来一个保障，它还是一种很好的理财方式，所以说，作为职场中的一员和为人父母的我们，必须认识到保险的重要性,保险简单来说就是我们对未来进行的一种投资,从深层次来讲,它是对自身财产实行的一种保护措施。但凡有一些眼光的人,他们不会吝啬自己的钱包,而是为自己和家人的未来进行投资,为自己和家人撑上一把保护伞。就如同雨天一样,外出不打伞,最后就可能致使你感冒,健康无形间受到威胁。

28岁的王倩刚刚参加工作两年,是一位年轻有为的高薪白领。她在大学里面学的是广告传媒专业,所以毕业后进入一家有名的外资企业负责广告传播工作。她在公司负责的工作基本每天都要在外面跑,虽然有点累,但王倩感觉很充实也很有意义。

在2005年的时候,王倩有一个朋友给她推荐了几类保险,并希望王倩能够为自身进行一定的投资。但是,王倩并没有意识到买保险的意义:我现在年纪轻轻,买什么保险啊?那不是纯粹的浪费吗?再说我现在的工资也不低,够我以后花的了,才不浪费那个钱呢。

但是在2005年的冬季,天空飘着鹅毛大雪,王倩接到任务要到其他公司进行实地采访。于是,她开着公司配的车匆匆赶往目的地。但是,由于下了雪,地面湿滑,而且还结了冰,王倩开着开着就把车开到沟里去了。

最后,王倩被送进了医院,医生说由于车子压住了她的大腿主神经,再加上小腿部粉碎性骨折,必须连续进行5次手术才可以痊愈,否则就可能要靠轮椅生活了。

此时的王倩只感觉身心疲惫,她从来没有想过自己会遭遇这样的事情,当她那个卖保险的朋友来医院看她时,她才后悔自己没有买保险。

王倩的经历告诉我们,很多时候人们只注意到了自己的眼前,从来没有考虑过未来,也没有为自己的未来进行过投资。其实,在我们的生活中,为自己买一份保险是非常有必要的,因为我们谁也不能保证自己和家人不会出意外。

我们要知道一个人从出生那一刻起,就开始了自身消费的旅程,随着年龄不断增加,我们有了赚钱的能力,但是,我们必须知道,一个人一生赚钱的时间

是有限的，在我们有限的时间里，我们又不能保证自己时刻都能赚到钱，更不能保证自身以及家人的安全，而保险就能够为你的人生护驾。所以说，那些有眼光的人，他们时刻为自己的消费以及家庭每年的开销着想，更为自己老年的生活考虑。他们之所以投资保险，就是因为他们知道，投资保险就是投资未来，人生是需要提早规划的，要时刻为未来做好准备，因为一切只有"准备好，才能赢"，否则一切希望最终都会变为绝望和失望。

于女士是一家大型企业的部门主管，年收入高达 12 万元，除去家庭开支，她每年也有将近 7 万元的纯收入，也就是说，到她退休的时候能够拥有 150 多万元。

在很多人看来，有了这些钱，于女士的晚年就不用发愁了，但是，于女士却不那样想，现在她才刚刚 35 岁，就为自己的养老问题担心了。因为她经常听那些退休的人说："退休金仅够吃饭的，其他的还得自己出啊，自己的积蓄又不敢动，生怕自己哪天出什么意外，没有足够的钱来应付。"这些退休老人的抱怨不禁让于女士也担心起自己退休后的生活，退休后每个月只有 1000 元的退休金，现在社会发展这么快，到时候 1000 元够干什么？

思前想后之后，于女士决定用自己积攒的钱为自己买一份养老保险。而且从那之后，她也学会了理财，并且为自己买了另外一套房子。很多人问她为何还要房子，她就会说出很多有远见的话："这套房子是我为自己养老买的，因为老的时候就不敢动自己的积蓄；再说房屋是实物资产可以规避通货膨胀的风险；再加上现在土地资源如此稀缺，即使房价降低，但房产的价值还是会呈上升趋势，咱们啊，得从长远出发。"

无论是从于女士自身的分析，还是从科学的角度分析，于女士的做法都是很明智的，她有长远的眼光，为自己的未来做投资，而到她老的时候，也就不必为退休金的不足而担忧了。

针对保险，我们必须从长远去认识它，它不仅给我们的未来提供了保障，它还是一种非常稳妥的投资方式。保险的种类有很多，有的保险也就相当于你将自己多余的钱存了起来，当保险期结束的时候，你有权利将你当初投资的金钱取出。只要你有长远的眼光，为自己的未来提前规划，选择一个适合自己的保险进行合理的投资，相信保险定会为你的幸福加大筹码，为你的人生保驾护航。

掌握良方，让炒股稳赚不赔

近几年，股票已经成为很多年轻人以及涉足职场的人口中经常出现的词语，而且很多人也都非常热衷于炒股，但是能够真正懂得股票当中的奥妙的人却寥寥无几。很多人以为炒股就相当于赌博，靠的完全是运气，运气好了你就可能借此发家致富，运气不好你就只能是血本无归。

莉亚上大学的时候就听很多人说股票，她那个时候对股票根本就不了解，每当她听到周围的好朋友都买股票赚了大钱，心中就会萌发一种买股票的冲动；但是她也知道股票的风险是非常大的，再加上自己根本不了解股票，于是也就一直没有买过股票。

大学毕业后，她参加了工作，同事间讨论的话题最多的也是股票，于是，她再也按捺不住心中的好奇，开始尝试购买股票。但是，莉亚的心中一直把股票当做赌博，她购买股票也是抱着一种碰运气的态度。

莉亚刚买股票的时候，完全凭的是直觉，但是，几个月下来，她的炒股记录就可谓是"频繁操作，屡炒屡败"。她在短短 3 个月内买卖股票的次数就高达 80 次，最为显著的一次是她在 5 个交易日内整整交易了 10 次。有时候以 8.3 元买的股票，在持有一周后就会以 6.8 元的价格卖出，最后导致自己损失惨重。像这样的失败记录在莉亚的炒股经历中屡见不鲜。3 个月下来她居然损失了将近 3 万元，这不禁让莉亚的心中对炒股产生了畏惧心理……

现实生活中像莉亚这样的人比比皆是，他们由于对股票一知半解，所以总

是带着碰运气的心理购买股票,最后将自己的家当全部砸进去。殊不知,购买股票并不是完全靠运气,也并不是完全没有规律可循,只要你眼光长远,方法正确,就一定可以掌握一种稳赚不赔的方法。

一代"股神"巴菲特,在股票市场上可谓叱咤风云,他在 44 年的投资生涯中,能够使自身的资产狂翻 3600 多倍,让自己的身价高达上千亿,成为继比尔·盖茨之后的世界第二大富翁。

巴菲特对股票的规律是这样说的:"真正的成功之道只需要几个简单的原则,它不需要你有高智商、高学历,只要你有一个超前的眼光和理性的头脑,你就可以在股票市场有的放矢。"对此,巴菲特曾经给众多股民提出这样的忠告。

1.买股票要选择具有可持续性发展的企业。在买股票之前,首先要对公司的价值以及发展前景有一定的了解,然后再将股票市场内不同股票的价格进行一定的比较,巧妙地运用股市中价格与价值之间的规则,以低于股票价值的价格买入,然后再以高于股票价值的价格卖出,从而最终定能够获利。如果你始终以赌博的眼光看待股票,胡乱地购买股票,对公司的一些基本情况不闻不问,到时候吃亏的必定是你自己。

2.选择恰当时机进行买卖。在股票市场中,买卖股票的时机是非常值得大家关注的,买卖时机的正确与否,直接关系到股民的收益。所以在买卖股票的时候,股民一定要花费一定的时间用来判断购买股票的时机。关于这一点,那些有眼光的人遵循的一般是"低价买进,高价卖出"的原则,而如何选择买卖股票的时机对于很多人来说都是一门很值得学习的学问,但要想掌握这门学问,你必须具备鹰的眼睛,长远而尖锐。

但是很多的股民在这方面经常容易出现急功近利的心态,没有耐心长久地持有一只股票。巴菲特曾经说过:"股票市场的作用是一个重新分配的中心,资金往往会流向耐心持久的投资者。"虽然在股票市场中需要有足够的耐心,但并不代表对所有的股票都做长线投资,这就要求股民们用自己的慧眼去识别,去分析什么样的股票适合长期持有,什么样的股票值得长期持有。

3.时刻牢记基本面始终服从技术面。当股市大盘形态遭到破坏时,哪怕你买的股票再好,在这个时候也必定会随之下跌的;而当股市大盘一路走好的情况下,你买的股票再差,它也会随着大盘形势的转好而上涨的。

以上是股票市场上必须了解的几项基本原则,如果你了解了这些,再加上你长远的眼光,相信你也可以像巴菲特一样在股市中稳赚不赔。但我们要记住炒股凭借的是眼光和技术,有了眼光和技术,你就可以对自己手中持有的股票运用自如了。

买对基金,让你的财富滚起来

当今时代,社会在不断地发展,人们的经济水平也随之提高,面对银行卡内不断增长的钱财,有的人不禁陷入了苦恼之中。对此,很多人开始寻找不同的储蓄种类以及高利益的投资机会,而基金就是一些人的首选之一。当然,要想真正地把握并掌控基金,我们就必须对基金有个全面的了解,并用发展的眼光、长远的眼光,为自己选择一个好的基金投资项目。

只有买对了基金才能够使自己的财富滚起来,而且越滚你的“财富球”就会越大。那么,我们一起来看一下基金的一些基本知识。

基金的种类有很多种,例如,股票型基金、债券型基金、货币市场基金等都是基金的常见种类,另外还有一些不常见的,如可转换公司债基金、伞形基金、基金中的基金,等等。

如果按照基金是否可以赎回来给基金分类的话,又可以分为开放式基金和封闭式基金。开放式基金是指基金的规模可以随着市场供求的不同进行一定的调整,如发行新份额或者投资人直接将投资基金赎回,这种形式相对来说比较灵活。而封闭式基金相对来说有比较固定的基金规模,在规定的期限内,投资人

是不可以赎回投资基金的。

正因为如此,投资者在购买时必须要有长远的眼光,因为开放式基金可以赎回,所以在购买时得有长远的眼光,为以后赎回基金留一部分现金,以避免以后想赎回基金的时候没有资金;而封闭式基金就不必如此了,投资者可以将资金全部用于投资,这样就可以获得长期经营绩效。

当我们对开放式基金和封闭式基金最根本的区别有了初步的了解后,我们还必须深入地将两者进行对比和区分,才可能完全地识别两者,并选择适合自己的资金。

1.基金单位对开放式基金和封闭式基金的买卖方式不同

当投资者想投资开放式基金的时候,投资者可以随时申请购买基金或者赎回投资基金。但封闭式基金就不一样了,封闭式基金在发起设立的时候,投资者可以随时向基金管理公司和机构认购,当其上市后,投资者还可以委托别人在证券交易所按照市价进行买卖。

2.两者在基金的买卖费用上有所不同

投资者在买封闭式基金的时候要承担一定的证券交易费和手续费;而投资者在购买开放式基金的时候则不需要交纳所谓的首次认购费和赎回费,因为这些费用已经包含在了基金的价格中。

3.基金单位对开放式基金和封闭式基金的买卖价格形成方式不同

封闭式基金的买卖价格容易受到市场供求的影响,当市场供大于求的时候,基金的价格就可能没有每份基金单位资产净值高;反之,基金单位就会比每份基金单位资产净值高,而这时投资者所拥有的基金资产就会随之增加,收益较多。而开放式基金的买卖价格则不受供求关系的影响,它是以有关人士根据基金的资产净值为基础计算出来的。

相信在对基金的情况有了一定了解后,有的人已经可以很好地掌控购买基金时所应该注意的细节了。但是,还有一部分人虽然了解了基金,但是还不够全面,不能够从长远去分析基金的本质,从而导致他们进入很多误区,最终也是无利可图。

亚新是一个小白领,每个月的收入不少,再加上她不服输的性格,做任何事都力求做到完美,以至于她在公司中犹如"芝麻开花"一样,从职务到工资不断攀升,一年后,她就为自己积攒了不少的财富。

而那时候的很多年轻人都非常热衷于购买证券,亚新以为基金的性质和证券是一样的,于是,她就将自己所有的积蓄拿出来,购买了很多的基金。但是亚新对基金根本不了解,一直按照证券的一些管理方式审视着自己的基金,并梦想着不久后自己就可以获得一笔不菲的收益。

但是,半年过后,亚新却发现自己的基金不仅没有吸引更多的财富,本金倒少了很多。对此,亚新很是苦恼,于是去寻求专家的帮助,最后才知道,因为自己用错了管理方式,对基金没有全面的了解,才使自己落得这样的后果。

我们的身边像亚新这样的人相信不在少数,他们对基金没有全面地认识,甚至误以为买基金其实就和买股票、买证券是一样的。抱着这样的信念驰骋于基金领域,能赚大钱,那就可谓是天方夜谭了。

所以说,我们在买基金的时候,必须对基金有个长远且全面的认识,我们必须明白,基金不同于炒股,基金不是拿来炒的;基金不同于储蓄,基金的利息率相对较高;基金不同于债券,基金收益的稳定性较高。另外,还要说一点,基金适合于追求稳定收益和低风险的资金进行长期投资。只有了解了这些,我们才可能选择好真正适合自己的基金,才能使自己的小积累"滚"成大财富。

第六篇

看世情

——35 岁前要有看懂世情的处世眼光

国人现在越来越关注为人处世之道。这是一件可喜的事，人活在社会中，就不能脱离这个社会而活。要想成功，努力是必要的，但同样也要有看懂世情的处世眼光，只有这样才不会让自己在现实生活中处处受挫。

眼光 26　看懂别人的心思，这个世界是一场博弈

这个世界并不如你所想的那般单纯，无论是在生活中，还是在职场之中，勾心斗角的事都不可避免地存在着。要想在这个社会上生存，你就要学会隐藏自己，不要过于暴露自己的锋芒，只有这样才有希望赢得博弈的胜利。

不要轻易暴露自己的才华

老子在《道德经》中曾经说过这样一句话："鱼不可脱于渊，国之利器不可示以人。"这句话的意思就是说鱼儿不能脱离水，只有在水中它才可能生存，否则就会失去生命。国家的利器如果向他国炫耀的话，相信别人就可做到知己知彼，百战不殆了。

人们常说，世界因神秘而美丽，就像我们在处事中一样，不论在任何时候，我们都不可以过分地向别人炫耀自己所拥有的一些东西。如果你轻易炫耀，就暴露了自身的弱点，最终吃亏的还是自己。我们设想一下，如果你向别人炫耀家中的珍品，相信你炫耀的同时，那件珍品就可能成为别人惦记的东西，那你的日子也就不会安宁了。

就像生活中的很多人一样，他们确实拥有过人的才华，但就是因为他们不懂得适时地克制自己，而是到处炫耀自身的才华，最终招来的就是嫉妒，甚至自己的生命也会因此受到威胁。所以说，不管在任何时候，我们都要从长远出发，不要轻易向别人亮出自己的才华，否则后果就不堪设想。

三国时期的曹操是个嫉妒心和防备心很强的人，他的身边曾经有一名非常有才华的将领，也就是杨修。杨修这个人才华横溢，总能够洞悉一切事物，甚至看穿一个人的心思。

曹操检查刚建好的花园，什么话也没说，只是在花园门口写了一个活字。工匠们不解其意，杨修见状就说了，曹丞相是嫌花园的门有点过大了。于是工匠们把门改小了。曹操看到改造后的花园，非常高兴，于是便问是谁破解了自己的意思，那些工匠们异口同声地说："多亏了杨修杨主簿的高明指点。"曹操听后，感觉杨修确实是个人才，但在心中也生出了嫉妒之心。

还有一次，有人给曹操送来了一盒酥饼，看着这一盒珍贵的酥饼，曹操毫不犹豫地在上面潇洒地写了"一盒酥"3 个字，便把盒子放在了台子上。杨修见状，毫无顾虑地拿出了酥饼，让大家一人一口分着吃了。曹操便问为何这样？杨修就说了，丞相写下"一盒酥"三字，不就是说让大家"一人一口酥"分着吃吗？曹操听后，对杨修更加厌恶，并多次找机会想把杨修处死。对此，杨修却丝毫没有察觉。

在曹操平定汉中的时候，曹军屡战屡败。曹操可谓是进退两难，进军怕失败，但撤兵又怕蜀国士兵嘲笑。在一天夜晚士兵来询问夜间口号的时候，曹操正在食用鸡汤，于是顺口说了"鸡肋，鸡肋"。士兵奉命行事，但是当杨修听到"鸡肋"的口号后，便让士兵们收拾行装，准备撤兵。对此杨修解释道："鸡肋，食之无味，弃之可惜。犹如这场征战一般，进不能胜，退恐人笑，在此无益，不如早退。"这时的曹操对杨修早就是杀意已决，于是便以扰乱军心为此给杨修定了罪，杀了杨修。

杨修之所以会遭到这样的不幸，主要就是因为他不懂得克制自己，而是一味地显示自己的才华，炫耀自己的能力，从而才招来了曹操的嫉妒，最终难逃死难。杨修确实非常有才华，如果他能够正确地运用自己的才华，为自己保留一点

底牌，而不是让自己赤裸裸地展现在别人面前，相信他定能够成为三国之名人。但就因为他目光短浅，只看到了自己，从没有思考过自己在尽情展现才智的时候，无形之间就会招来别人的妒忌，尤其是曹操这样一个"奸雄"。

所以说，不管在任何时候，我们都要为自己保留后路，不可轻易地暴露自己的才华，否则就会失去了根基，让别人洞悉了我们的弱点。聪明的人都不会这样做，因为他们具有长远的眼光，他们知道自己在这一时或者得到了别人的欣赏，日后别人对自己的防备心同样也会由此而生，他们懂得"识时务者为俊杰"，不轻易地暴露自己的才华，最终才使自己的才华细水长流，源远流长。

李强是一个很有抱负的男孩子，研究生毕业后他顺利地进入了一家软件开发公司工作。李强本人在校期间对软件的开发和维护有着高深的研究，但是作为公司一名新来的员工，李强懂得如何保护自己，在领导和同事的眼中，李强就是一个初出茅庐的学生，暂时不会有太大的成就。

李强同样如此，每次有什么任务，他总会很谦虚地向同事们"请教"。人们常说厚积薄发，李强总是在很关键的时候施展自己的才华，让很多人对他都琢磨不透；这种神秘感使很多人情不自禁地想去认识他，了解他，因而他也有了很多的朋友。

李强就是一个很会处事的人，他懂得为自己撑一把保护伞，而不是让自己手无寸铁地站立于社会之林。同样，他的所作所为也证明了他是一个很有眼光的人，他深刻地认识到了轻易暴露自己的底牌会给自己带来什么样的后果，所以，他放弃了别人对自己短暂的赏识，最后却得到了更多的关注，还获得了更多的朋友。

我们在偌大的社会之林中要学会保护自己，为自己佩戴一个护身符，不要让自己赤裸裸地展现在别人面前。尤其是在这个纷繁冗杂的社会，我们更要懂得保留自己的才华，为自己的长远利益着想，否则，我们不仅达不到自己预期的目的，而且会使自己时时处于被动的位置。所以，不论何时，不论何事，我们都要有长远的眼光，有一定的城府，懂得克制自己，即使展现才华也要讲究一定的策略，而不是让别人摸清你的底牌，洞悉你的一切。

装糊涂是个好办法

"傻人有傻福"，这是很多人都经常说的话，这个地方的"傻"是指做人应该忠厚老实，真诚待人。当别人嫉妒你的时候，装傻可以消除别人的疑虑，让你化险为夷；当你身处危难中的时候，装傻可以让别人对你消除戒备心理，让你的生命得以保障。所以说，在生活中，我们要适时地学会装傻，最后自己才可能大受裨益。

公元 263 年，蜀国皇帝刘禅被迫投降，成为魏国言听计从的将领。公元 264 年，刘禅又被派遣到洛阳任安乐公。虽然刘禅已经俯首投降，但是晋王司马昭对他却一直心存疑虑，对刘禅的戒备心也从未消除。

为了试探刘禅，司马昭安排了一次宴席，宴席上连连出现蜀国的歌舞节目，司马昭还找人假装啼哭，说是触景生情。刘禅见状，不禁也暗自伤心。但是曾为蜀国皇帝的刘禅也不是傻子，当他看到司马昭疑虑的表情时，他立即意识到了司马昭的意图，于是强颜欢笑，泰然自若起来。司马昭不禁放心地说："此人乃无情之辈，倘若诸葛孔明在，此人也难成大器。"

司马昭于是又问刘禅："汝思蜀否？"刘禅听后，更加明确了司马昭的意图，于是答道："身处此处，欢乐不尽，不思蜀也。"

听了刘禅的这句话，司马昭果然对刘禅有所放松，但是要想让他全部消除疑虑那也是不可能的。于是，在宴席之间，司马昭再次问刘禅是否思念蜀国。这时，刘禅就巧妙地用邻正教他的话说："先祖的坟墓均安于蜀国，吾怎又不想念呢？"说罢，刘禅便装出非常伤心的样子。

司马昭听后感觉此话的腔调和邻正的无比相似，于是便问刘禅其中的缘

故。刘禅装出非常惊奇的样子,慢慢地说:"先生,你怎么知道是邻正教我的?"

听毕刘禅的话,司马昭对刘禅的疑心彻底消除了,对刘禅也不再存有加害之心。虽然刘禅身处险境,但最终还是化险为夷,可谓是有惊无险。

刘禅通过自己的"傻"消除了司马昭对自己的疑心,最终才让自己身处异国还能安度晚年,如果刘禅不懂得适时地掩饰自己的情绪,尽情地展现自己的情感,相信他早就成为了别人的阶下囚,甚至连自己的生命都保不住。所以说,必要的时候,我们必须学会装傻,做一个外圆内方的人。

我们要知道,装傻并非真傻,装傻的人才是最高明最有眼光的人,他们懂得忖度时务,选择最好的方法解决自身面临的问题,但在他们装傻的背后却有不变的原则。在现实生活中,我们经常看到,很多年轻女孩子在为了拒绝一个追求自己,但自己又不喜欢的男孩时,她们往往会选择装傻,装作无动于衷,最后让对方知难而退;很多优秀的员工想辞职但又碍于老板不放人,这时他们也会选择装傻,装作什么都不懂,什么都不会,最后老板只能主动辞退他们。

从现实中的这些事例,我们就可以看出,在必要的时候,装傻是一种很好的选择。另外我们还要明白,装傻是一种艺术,我们必须有远见,看清情况,适时装傻,做到了这一点,相信装傻就会成为你人生道路上的一把镰刀,可以为你披荆斩棘,给你开创一条阳光大道。

韬光养晦,伺机而动

自古以来,韬光养晦就是一种求生之道,这种求生之道的精髓也就是《孙子兵法》中所说的"能而示之不能"。在敌强我弱的时候,很多的将领或者国家都会选择采取这一策略来麻痹敌人,让其感觉自身形不成什么大的气候,而自己就可以暗度陈仓,养精蓄锐,最后给敌人来个厚积薄发,让其防不胜防。或许当时你需要践踏自己的面子,践踏自己的尊严,但为了日后的大好前程,这些问题还是问题吗？

常言道"大丈夫能屈能伸"，这句话就足以将韬光养晦的深刻含义表达得淋漓尽致。如果你是一个有眼光的人，定能从长远出发，而不是只注重眼下是否得到了别人的赞赏。

一名大学生在接受记者采访时说过这样一句话："一个优秀的大学生应该具备两个条件，既能韬光养晦，又能厚积薄发，只有做到了这两点，你才可能在自己的人生道路上不断走向成功。"

其实，不管是大学生，还是其他各行各业的人，都应该做到韬光养晦，而不是为了捍卫自己的面子，影响自身的发展，甚至断送自己的未来。

越王勾践卧薪尝胆的故事很多人都耳熟能详。

吴国与越国发生战争，吴国战败，阖闾在此次战争中负伤身亡，夫差也因此身负重伤。眼看吴国后继无人，阖闾就让伍子胥选后继之人，伍子胥一直很欣赏夫差的才华，对其关爱有加，于是便推举夫差为王。吴王夫差不久便兴师动众地组建水军。

当时，勾践听说吴国兴建军事，誓死要去歼灭这一水军，于是不顾范蠡等人的阻挠，擅自出兵，最终以失败告终。勾践被吴国囚禁，而范蠡等人为保住性命，重振越国千秋大业，便假装投降。

按理说，勾践应该被吴国处死，但夫差当时没有听取老臣伍子胥的劝告，而是留下了勾践，在那期间，勾践受尽了侮辱，吃尽了苦头。但他心中却始终拥有一个信念：重返越国，重振大业。就这样，他足足忍受了 3 年的屈辱，终于被放回越国。

回到越国的勾践不忘耻辱，每天在柴草上睡觉，用舌头舔苦胆，并且在暗中训练军队，以求强大越国，等待时机，歼灭吴国。

夫差把勾践放回越国并没有想到他会养精蓄锐，所以对勾践也没有什么戒备之心。在一次赴会的时候，夫差带领吴国大部分军队前行，并要求勾践也带兵支援。勾践看这是一个很好的机会，于是再也按捺不住心中的愤怒，带领全部军

队假装赴宴。最后拿下了吴国，擒拿了夫差。

勾践之所以选择忍辱负重，就是因为他有长远的眼光，知道只有保住了自己的性命，日后才有可能重振雄风。勾践之举乃大丈夫之所为，他做到了韬光养晦，最后才得以报仇雪耻。古人说的"善守者藏于九地之下，善攻者动于九天之上，故能自保而全胜也"，其实就是这个道理。

忍一时风平浪静，退一步海阔天空，只有懂得韬光养晦的人，才可能实现心中的霸业，实现自己的人生理想。

李渊在被封为太原留守时，突厥四起，太原城池时刻都有被攻下的危险。李渊见状便派部将王康达率领军队消灭突厥，结果却全军覆灭。此时，太原城内反动势力此起彼伏，李渊随时都有被杀头的可能。

很多人都以为，李渊会与突厥决一死战，但是李渊并没有。因为他明白自己眼下只拥有三四万人马，可谓是捉襟见肘，与突厥硬碰损伤的只能是自己，再说太原城是一个不可丢失的根据地，自己必须三思而后行。于是李渊决定采取和亲政策，俯首称臣，放下了所有的一切，为的就是借突厥之力强大自己的军队，最后再拿下突厥。

李渊的退步确实收到了成效，唯利是图的可汗见李渊如此退步，便给了李渊很多的资助，李渊也趁机大肆购买马匹。就这样，李渊所率领的这只李家军的实力迅速扩张，最后平安打进汉中。

李渊的行为是一种很明智的策略，在濒临危难的时候，他不是鲁莽行事，而是从自身情况出发，深知自身与敌军的势力相差甚远，最终忍辱负重，俯首称臣。很多人或许会说李渊胆小怕事，没有骨气，但是我们从长远来看，李渊的让步不仅保住了李家军，还使军队实力迅速扩张，顺利打进了关中。

由此可见，有的时候我们要懂得韬光养晦，收起自己的雄心，放下自己的面子，只有这样，才能够减少他人的猜测之心，才可能赢得对手的信任和资助，最终实现你所要达到的目标，实现你的理想和抱负。

眼光 27　看到语言的力量，
一句话让人笑，一句话让人跳

语言有着神奇的魔力，可以让人对你一见倾心，也可以使人对你心生厌恶。如何运用自己的语言和人打交道，这是一门高深的艺术。那些认识到语言力量的人，往往能合理地使用自己的语言，让自己成为受人爱戴的人。

赞美是打动人心的最好方式

人心有时犹如一座冰山，你只有不断向其投一些热石头，才可能使冰山融化，才可能让别人喜欢你，和你成为朋友。而这些热石头也就是我们常说的赞美，赞美的话就像蜜糖一样，让被赞美者心里美美的，甜甜的，最终打动他的心。

一句赞美的话可以使你和一个陌生人成为朋友；一句赞美的话可以使一个人走出颓废，重新寻找自己的人生目标；一句赞美的话可以使别人感受到你的可亲之处。当你辛辛苦苦完成某项任务的时候，相信别人的一句赞美就足以将你全身的疲劳赶走，让你感觉自己的付出是值得的。我们无时无刻不在与人打交道，人是感性动物，只要你懂得向别人施以热石头，那么再坚硬的心也会因你的赞美而融化的。

小小是一个身体残疾的女孩子，从小就形成了一种孤僻的性格，她从来不

和其他小朋友一起玩耍。上学的时候,她每天都是一瘸一拐地第一个到教室,最后一个离开教室。当她的班主任老师看到这种情况后,心里也非常担心,于是便找小小谈话。

在谈话的过程中,老师发现,其实小小的心里一直有一种对美好未来的憧憬,只是身体的残缺使她失去了追求快乐梦想的勇气。"小小,老师发现,你今天真的好漂亮,我感觉你是一个很善良的女孩子,你要相信自己,出身不由己,但道路你可以自己选择啊。老师感觉你以后一定是一个不平凡的人。"老师语重心长地说。

这是小小第一次听到别人如此赞美她,那天她在老师的面前哭了,哭得很伤心,好像要将内心所有的不快和委屈全倒出来。但就在那天,小小的脸上终于露出了久违的笑容。

从那以后,小小试着与别人交谈,试着和自己的父母沟通,最后她发现:"其实世界真的很美好,只是我以前没有发现而已。"

几句赞美的话将小小紧闭的心门打开了,让阳光照进了她的心房;也是那几句赞美的话语使小小走出了自卑,开始寻找自己的人生坐标。由此可见,赞美的力量不容忽视,生活中因为有了赞美,才显得五彩缤纷;因为有了赞美,才让人们尽情地享受生命中的真善美,体味生命的真谛。

所以,不管是谁,不管在任何时候,我们都要学会赞美别人。销售人员怎样才能够使一个陌生人自愿地买你的产品呢?那就是赞美别人,用你的嘴巴去打动别人,用你的嘴巴去促使别人心甘情愿地购买你的产品。

世界伟大的推销员乔·吉拉德在他的演讲中曾经说过:"推销不是没有方法,赞美就是一把好的利剑,它可以使你的顾客没有办法拒绝你。"

比恩·崔西是美国的一个图书推销员,刚刚涉足销售行业的时候,他并不懂得给自己的推销寻找方式和方法,从而时常感觉困乏,感觉销售非常吃力。但当他无意间听了乔·吉拉德先生的演讲后,他豁然开朗,并开始使用乔·吉拉德先生说的赞美法。他甚至敢于说："我可以让任何人买我的书。"

有一次，他出去推销自己的图书，并且看准了一位非常有气质的女士。于是，比恩·崔西就走向前去和那位女性交谈，但是当女士听说他是推销员的时候，脸一下子阴了下来，毫无顾虑地对着他说："你们这些推销员，就知道阿谀奉承，专挑一些好听的说，别以为我会信你们那些鬼话，忽悠别人可以，忽悠我，你还嫩了点儿。"

比恩·崔西听罢那位女士的话，于是便顺水推舟："是啊，您说的很对，做销售的就是会说好话，把别人弄得晕头转向，最后再卖产品。但我工作这么长时间，您这样的顾客我还真少见，你有自己的主见，不会受别人的影响。"女士这时的脸色稍微好了点，并对眼前这个与众不同的推销员感到好奇，于是她问了很多的问题，比恩·崔西都非常认真地为她解答。

在没有什么问题之后，比恩·崔西开始大力使用自己的赞美法："看您的外表那么有气质，想不到和你交谈一番后，才知道您不光有好的形象，思维还如此敏捷，您真是一个富有内涵的女性。"

当那位女士听了他的话后，早就高兴得无话可说了，最后很爽快地买下了一套图书，还要了他的联系方式。比恩·崔西给这位女士留下了很深的印象，之后，还在他那里购买了很多的图书。

比恩·崔西就是通过自己对顾客的赞美，给顾客留下了一个好的印象，从而获得了别人的好感，最终成功地将自己的图书卖给了一个对推销人员非常厌恶的人。

由此可见，赞美不仅能够打动人心，拉近与别人的关系，达到自己的目的，有时候，赞美还可以产生巨大的精神力量，给予人们勇气，克服更多的困难。

其实，在我们的生活中，不乏有一些眼光长远的人，他们从不吝啬自己的赞美之词，无论是对自己乳臭未干的孩子和朝夕相处的爱人，还是对待一面之缘的朋友和陌生人，他们都时刻向别人说一些赞美的话。他们从不在乎别人听到

他的赞美后反应如何,因为他们坚信,他们善意的赞美已经浇灌了对方干涸的心田,总有一天会开出美丽的鲜花,结出丰硕的果实。

所以,我们也要做一个眼光长远的人,用善意的赞美去感化别人的心田,相信在不久的将来就可收获应有的回报。

幽默的语言拥有神奇的力量

在现实生活中我们可以发现,那些懂得幽默,经常给大家带来快乐的人,他们的人缘都是非常好的。不管是同事间发生矛盾,还是员工与下属之间产生摩擦,只要他们一出场,那就什么事都可以解决。由此可见,幽默在生活中是不可或缺的。

很多人都知道,女人最怕听到别人说自己胖,胖这个字眼也是很多人忌讳的。以前就有这样一位女士,她非常爱吃,每天从一起床到晚上睡觉,嘴里都不会少了食物,最后导致自己胃痛,消化不良。于是,她来到了医院让医生给她开几副开胃的药。医生一看她就知道怎么回事,她急需要减肥,于是开了点开胃的药给她。

这位医生知道自己不能直接说不让她吃那么多,于是很幽默地对胖女人说:"要不我把一副最见效的开胃药也给你吧?"这位女士非常开心,连声道谢,她接过医生递来的纸条,只见上面写着:"饥饿是开胃的最佳良药。"胖女士看后,不仅没有发火,还会心一笑。

这位医生很巧妙地运用自己幽默的语言,不仅没有触碰到与胖有关的话题,还表达了自己所想表达的意思,可谓一箭双雕,一石二鸟。

从上面事例中我们可以知道,生活中处处都蕴含着幽默,生活中时时都需要幽默。譬如,在领导批评员工的时候,领导如果懂得使用幽默的语言,那么员工不仅不会感到难堪,而且会觉得这个领导很有人情味;如果在一个尴尬的场合,出现一些具有幽默感的话语或者事情,那种尴尬和严肃的气氛就会得以缓解,变得轻松起来。英国首相丘吉尔就是一个非常有眼光的人,他懂得巧妙运用幽默。

有一次,英国首相丘吉尔和法国总统戴高乐在一个政治问题上产生了严重的分歧:戴高乐一再坚持全力追捕一个人,而这个人一直以来就是丘吉尔非常看重的一个人物,他不能看着他被抓。面对如此棘手的问题,他们想不出更好的办法来解决,最后决定依靠会晤来将这一问题摆上桌面,彻底解决。

进行会晤没有人反对,但是很多人也都知道,英国首相丘吉尔的法语讲得不好,而戴高乐的英语还是相当不错的。

会晤当天,谈判双方似乎都像吃了火药一样,气氛显得异常紧张,面对这样的场面,丘吉尔灵机一动,用简单的法语讲道:"女士们可以去逛街了,戴高乐将军和其他男士朋友陪我去聊聊天了。"接下来,丘吉尔还很清晰地对身边的随从说:"我的法语讲得不错吧?相信诸位的英语讲得这么流利,也定能理解我讲的法语。"话音未落,屋内所有的人都开怀大笑。

场上的气氛随着丘吉尔一番幽默的话语变得轻松了很多,以至于这场会晤谈判双方最终在和谐的气氛下各抒己见,以礼相让。

丘吉尔能够有效地调节那种紧张的情绪和气氛,主要是因为他能够将幽默的语言运用自如。面对谈判双方互不相让的紧张状态,如果没有人出来调节气氛,相信那场会晤是很难进行的,说不好最后双方会弄得不欢而散。作为一国首相,丘吉尔懂得这场会晤的重要性,也懂得幽默的重要性,所以他最后才成功地使这场会晤顺利进行。所以说,幽默不仅是调节情绪的有力武器,也是正确劝导别人向某一方向发展的一剂良药。

秦始皇统一六国,统一货币,统一度量衡,他的很多作为都受到世人的称赞。在他的身边有一名非常幽默的人物,名叫优旃。很多时候,秦始皇在面临危难或者不快的时候,他总是通过自身的幽默去劝导并帮助秦始皇排忧解难。

秦始皇喜欢打猎，于是就下令修建御园，养一些猎物在里面，以供自己打猎享乐之用。但是秦始皇却没有想到，如果自己这样做，国家可能就会面临国库空虚的危险。面对秦始皇的作为，除了优旃，没有人敢直言进谏，他对秦始皇说："这个想法不错，养了那些猎物，就可以使敌人闻风丧胆，不敢侵犯，就算从东方攻击我秦国，直接让这些猎物去对付就够了。"

秦始皇听了优旃的话才意识到，自己的行为实乃劳民伤财之举，于是便赶紧收回了成命，使秦国免于国库空虚。

其实，从优旃的话中我们可以看出，他表面上是在赞同秦始皇的主意，但在幽默之中却暗示秦始皇的这一举动会给秦国带来危害。这样的言语非但能够保全自己，还可以使秦始皇不失尊严，在幽默中认识到自己的失误。这样的幽默就犹如一针清醒剂，能够瞬间点醒梦中人。

纵观古今，我们不难看出，幽默具有神奇的力量，它不仅可以将你所要表达的意思讲出来，还可以化解很多的矛盾，调节紧张的氛围，甚至在紧要的关头保全自己。所以，我们一定要全面性地认识并掌握幽默。幽默的力量，我们不可小觑，我们要培养自己的幽默细胞，懂得运用幽默这把宝剑。

妙语激励，用你的嘴说动别人的腿

一句话可以杀死一个人，一句话同样也可以激励一个人，成就一个人。有句话说得好：话有三说，巧说为妙。语言是人类敞开心扉的一把钥匙，是人类搭建心灵桥梁的纽带。语言讲求的是一种艺术，你运用好了它可以成就一个人，但如果你运用不好，它就可能毁掉一个人的一生。

所以，我们要学会巧妙运用语言，激励身边的每一个人，要时刻管住自己的嘴，说该说的话，做该做的事。如果我们说话从来都是肆无忌惮，毫不顾忌别人的感受，相信你说的话会给他人带来伤害。如果我们换一种说话的方式，就有可能让别人重拾信心,有了向前冲的勇气。或许对方确实不是很优秀,但你的一番巧妙的话语,就可能给他力量,让他充满信心地漫步在人生道路上。

有谁会相信一位妙语连珠的演讲大师20岁之前竟然是公认的"胆小鬼"?他的朋友曾经说过一件事:我曾经请他去我们家做客,他当时答应了,但那天我等了他一个晚上他都没有来。第二天才知道,他那天去了,但没有勇气按门铃,所以徘徊许久后就离开了。这个人就是萧伯纳,但对于这样一位"胆小鬼"来讲,到底是什么让他改变,并在演说界叱咤风云?

对此,萧伯纳讲述了他自身的一些经历:

我进行的第一次演讲可以说非常失败,那是在朋友的邀请下进行的,当我站在上面的时候就感觉心都快跳出来了,最后我声音很低地讲了一个小故事就匆忙下去了。当我下去后,其他人士都不断地嘲笑我,说我像"要出嫁的姑娘",我当时非常的生气,于是拿着酒站在角落喝。

正在我满心懊恼的时候,一个女孩走到我的身边,她对我笑了笑,很真诚地说:"乔治·萧伯纳先生,你的声音真好听,我想如果你把声音稍微抬高一点,定会征服很多人,并情不自禁地为你竖起大拇指。"当我听到这些话后,心中的烦闷烟消云散了,我几乎不敢相信自己的耳朵。但就在这一番话中,我找到了自信,我明白要想演讲,就必须面对。

从那以后,我的心中充满了力量,推动着我不断前行。之后我也就想通了一个道理:面子是别人给的,地位是自己争的。每逢周末,我都会满处去寻找演讲的机会,虽然起初还是有点小紧张,但当我想起那个女孩说的话,我身上就有无穷的力量。就这样,经过反复锻炼,我一点都不怕了,从一个公认的"胆小鬼"变成了善于交际,用语言来赢取鲜花和掌声的萧伯纳。我要由衷地感谢那个和我只有一面之缘的女孩,是她给了我勇气面对别人的嘲讽,勇敢地向前冲。

最后萧伯纳还幽默地说:"是她的嘴把我的腿说得动了起来,踏遍了世界的每一个角落。"

萧伯纳原本是一个怯懦的人,面对演讲他深感害怕,但就是因为女孩一番巧妙的话语,使他有了足够的勇气向自己的缺点发起了挑战,并有了他现在的成就。由此我们不得不承认语言的厉害性,如果没有女孩巧妙的话语为萧伯纳打气,为萧伯纳指出演讲中的问题,相信萧伯纳是很难拥有今天的成就的。

是女孩子的一番话给了萧伯纳的双腿无尽的力量,同样,在我们的生活中,我们的嘴同样也可以把别人说动,并且心甘情愿地为我们付出,这就是语言的力量。

王亮是一家印刷厂的厂长,有一天,他收到一批印刷质量非常差的产品,于是便去查明是谁的"杰作"。

原来这是一名刚来的员工做的。这名员工刚上班不久,怕完不成任务,于是慌慌张张地只注意完成的数量,忽视了产品的质量。车间主任大早上就因此把那个员工训斥了一顿,说他工作不负责任,做事不认真,这批产品就算了,以后好好干,别再出现这样的问题了。

当王亮知道这件事情后,他也希望那个员工意识到质量的重要性,但他没有采取车间主任的那种方式。他找到了那个新来的员工:"小伙子,新来的吧,我看了你昨天工作的成果,印刷的还不错,而且任务也完成了,看来干劲十足啊。如果厂里每个员工都像你这样积极,那就好了,我希望你继续努力,好好干。"

之后,那个年轻人无论做什么事都非常认真,再没有出现过问题,并一心一意地跟着王亮。

其实,车间主任和王亮的目的都是一样的,想让年轻人意识到自己的错误并改正,但两人采取的方式不同,最终得到的结果也不同。如果王亮也像车间主任一样对其大肆批评,那个小伙子的自信心和自尊心定会受到很大的打击。

所以说,同样的话语,我们采取不同的方式说出来,就会得到不同的收益。这也就要求我们掌握好语言这门艺术,懂得从不同的角度去处理事情,而不是目光短浅,盯住眼前的事情就事论事,而是要学会采用巧妙的语言,用一张嘴去说动一双腿。

眼光 28　看清金钱的价值,钱不是万能的

人没有钱不行,但这并不是说钱就是万能的。金钱固然有自己的价值,但却不代表一切。看清金钱的价值,把握好对待金钱的尺度,才不会沾染上金钱的铜臭,才不会因金钱而变质。

人不是只为钱而活

金钱不是万能的,但没有金钱却是万万不能的。从这简短的一句话中我们不难看出金钱的重要性,同时也明白了金钱并不是一切。

在一个小山村里住着一个叫刘佳的女人, 她的父母曾经是供销社的社员,家庭情况实属不错。然而她母亲后来一病不起,最终自己结束了自己的生命。

从那以后,父女两个便相依为命,艰苦地继续着以后的生活。年纪渐长的父亲看着女儿一天天长大,心里很是欣慰。在 1997 年的冬季,年仅 20 岁的刘佳结婚了,男方家庭也是一样,仅仅能够维持生计。婚后的刘佳很孝顺,经常回家看望老父亲,因为她知道,她的今天是父亲给予的,她不能忘本。婚后的刘佳幸福地生活着,她很快成为了一位幸福的母亲,她经常说:"我这辈子没有过多的金钱,但我有一个爱我的父亲,有一个幸福的家庭,这就已经足够了。"

然而几年后的一天,一个噩耗使刘佳彻底崩溃了——50 岁的老父亲劳累成

疾,得了严重的尿毒症。这时的她才意识到,母亲走后的多少个夜晚,父亲泪流满面,以烟解闷。

父亲很快被送到了当地医院接受治疗,然而几天后医生的一个通知,更是难坏了这个原本就不富裕的家庭。"你父亲现在正以氧气罩维持着生命,我们现在已经找到了合适的肾源,但治疗费用不少,希望你们尽快想办法。""医生你们一定要救他,我们马上筹钱。"刘佳的声音颤抖着,但凡听到的人都能够感受到一种撕心裂肺的痛。在之后的几天内,他们全家动员,四处奔波,去筹借那笔巨款,但是结果不尽如人意。

最终父亲未等到手术费筹齐的那一天就匆匆离世了。刘佳整整 3 天没有哭出声音,直到第四天的夜晚,她才像个孩子一样,哇地一声哭了:"钱,钱,钱,钱是个混蛋……"

这个故事很简短,但却让我们看到,金钱在生活中的地位,但之后刘佳女士回忆说:当时我确实感觉到父亲是因为没有那笔治疗费才去世的,我深感内疚,但是在我最痛苦的时候,我看到的却是亲情,而那份情是金钱买不到的。人活着,其实不只是为了金钱,而是为了完成自身的使命。我没有钱,但是很幸福。

"我没有钱,但是很幸福",仅仅 9 个字,但却发人深省:当今社会,多少人为了金钱四处奔波,久而久之我们也不难发现,那些有钱人的压力其实比一般人要大很多。我们知道,金钱这东西生不带来,死不带去,挣多少就花多少,你花的多自然就逼迫你去想方设法地挣更多。我们不妨试问一下,有钱就会幸福快乐吗?其实不然,因为人不是只为钱而活。

最近各个电视台正在热播一部电视剧《天涯赤子心》。

有两个年龄不到 10 岁的孩子——小君和小杰,在母亲和外婆去世后,毅然决然地踏上了一条千里寻父的艰辛道路。

父亲是在 7 年前被有钱的爷爷拉走的,妈妈经常告诉他们:爸爸很爱你们,以后你们一定要找到爸爸,因为爸爸的家就是你们的家。就因为妈妈的这些话,他们深信他们一定能也一定要找到爸爸。他们一路上遇到了很多的艰难险阻,但这两个坚强的孩子却从来没有怕过。他们一路上沦为乞丐,被人拐卖,被迫做小偷……但是妈妈教他们的歌谣始终陪伴着他们,最终他们没有放弃,并且来到了父亲的家里。

父亲的家里确实很有钱,他们也很欣慰自己历经那么多的困难终于来到了父亲的身边。但是最后作为姐姐的小君却打算不和父亲相认,决定离开。当弟弟问起原因时,她潸然泪下说:"爸爸不爱我们,她有了新太太,有了另外的孩子,他已经有了新家,他把妈妈忘记了。而且他现在的孩子说我们是坏姐姐坏哥哥,说我们要抢她们的财产。""不,姐姐,我只要爸爸,我不要她们的钱,只要爸爸。"可是,两个孩子的心声有谁懂呢?

皇天不负有心人,最终他们还是来到了那个家里。懂事的小君在面对新妈妈的给予和问候时总是说,把所有的一切都留给妹妹吧,我们的财富在脑袋里,妈妈教给了我们怎样做人的道理,这就足够了。

当然,很多人会说,这不过是电视,是人们虚构的东西。当然,我们不否定它是虚构的,但是这所有的一切难道不是作者所想表达的吗?难道不是人们内心所不敢承认的一些现实吗?两个孩子将这些话讲出来,而且他们也做到了,但是我们这些所谓的成年人能做到吗?许多人往往把金钱放在了第一位,认为人活着就是为了钱,没有了钱就没有了生命,所以很多人为了金钱不择手段,而最终却断送了自己的一生幸福。

我们细细品味人生,就会很深刻地感受到,人活着其实是为了实现自身的人生价值,让自己的生活多姿多彩,使自己的内心始终洋溢着幸福。但凡有眼光的人都会知道,与其用多余的时间去想法挣钱,倒不如陪陪妻子和孩子,美好的回忆是用金钱买不到的。

归根结底一句话:金钱绝非生活的全部,而人也绝非是为了钱才活着,在金

钱之外还有很多美好的东西，我们要放眼未来，形成一种良好的金钱观，让自己的人生更加多彩。

耽于功名利禄会使人变质

曾经有人讨论过这样一个问题：乞丐每天把自己弄得脏兮兮的，伸手向别人要钱，他们有手有脚，为何要这样呢？

对于这个问题，各界人士都做出了不同的响应，他们都发表了自己的见解，答案可谓五花八门。但是最终权威人士给出了一个很朴实却又最切合实际的答案：所有的一切都是因为他们对这些已经形成一种依赖感，甚至可以用迷恋来形容，他们注重的只是自己现在可以不挨饿，有钱花，从没有为自己的未来做过打算。之后他还给大家讲了这样一个幽默的故事。

有一个乞丐每天都会从一座豪宅门前路过，里面的男主人看其可怜，每天都会给他 100 块钱，连续一个月都是如此。但是一个月后，那个男人就没有出现了，乞丐却仍每天满怀欣喜地来，最后却满脸失望地离开。直到最后男人再次出现，乞丐十分气愤地抓住男人就问，你这么久做什么去了。当男人说自己回家结婚后，乞丐一个巴掌打过去：什么？你竟敢拿我的钱去娶老婆？男人听了顿感莫名其妙，什么时候自己的钱成一个乞丐的了？

这则故事很幽默，而且意味也很深刻。但我们不妨想想，乞丐第一次要钱会是怎样的心情？相信他们放不下自己的面子，畏畏缩缩。但人们常说万事开头难，就是因为他们有了第一次的伸手，并得到回报，才使得他们不断地伸手，而最终形成一种习惯，一种依赖。而历朝那些为了功名利禄，不断将魔手伸向穷苦百姓的达官贵人，难道不是如此吗？乞丐没有长远的眼光，可以对乞讨形成一种依赖，贪官也一样可以对贪污受贿形成一种依赖。

从古到今，多少人迷恋于高官厚禄，为了让自己能够"稳坐江山"，他们谋财害命,却以为自己做得神不知鬼不觉。殊不知,家有家规,国有国法,他们的行为总有一天会得到报应。而当他们真正地坐在那黑漆漆的牢房里的时候,他们才追悔莫及。

"人之初,性本善",这就是说人的本性都是善良的,就像那些立志考取功名的有志之士一样,他们十年寒窗苦读,只为了金榜题名的那一刻。但是俗话说得好近朱者赤,近墨者黑,他们来到了官场,终于见识了官场上的黑暗,而他们为了保住自己的地位,有些人最终选择了模仿,最终过于迷恋,以至走火入魔。而这一切只能说明一点:耽于功名利禄会使人变质。

我们反过来想想,名利真的有这么重要吗?拥有了名利难道就拥有了幸福和一切吗?其实不然。就像人们常说的一句话"背负盛名"一样,如果"盛名"是用来"背"的,那么那些拥有好名声的人岂不是非常累,这"盛名"不就是包袱了吗?司马迁创作《史记》是在很冷清的环境中完成的,正因为冷清,他才可以真正地静下心来认真地思考自己,也思考整个社会。这也就告诉我们,盛名不是用来背负的,人活着,有时需要低调。

高官厚禄实乃身外之物,无论是盛名还是金钱,我们都应该以一种正确的态度去面对,而不能过于迷恋那些身外之物,否则我们做人就没有了原则,我们的人格也就会变质。其实人生就像爬山一样,我们要不断地往上攀登,但我们也必须明白,不管我们爬得多高,我们还需要下山。这就要求我们要有长远的眼光,不仅要向前进,还要洞悉回去的路。否则我们片面地追求"站得高,看得远",只会让我们爬得越高,摔得越惨。

眼光 29　看清人情的作用，人情往往比钱更管用

金钱不是万能的，有些时候，人情往往比钱管用，很多钱办不了的事情，人情出马就可以立刻解决。想在社会上安身立命，你就不能不看清人情的作用，人情是一笔宝贵的财富。

人情，一种无形的资源

相信很多人士都明白"人在江湖，身不由己"的道理。在这个社会上，如果你不懂得怎样做好人情，那么你就将会被这个社会所淘汰，你也得不到你想要的亲情、友情，甚至爱情。对于一个领导来讲，更需要具备长远的眼光，懂得积累自己的人情资源。如果不懂得如何建立自己的人情，不懂得深谙人情，就很难在商场上寻找到忠实的合作伙伴，更不要说在商场上能够游刃有余了。而要想在商场上有的放矢，我们就必须具备长远的眼光，细心经营自己的人情资源。

一个人要学会为人处世，必须明白人情就是一种无形的资源。有了它，你可以买到真正的友谊；有了它，你可以拥有雄厚的人际关系；甚至可以说，有了它，你可以拥有更多的财富。华人首富李嘉诚曾经说过：人脉就是财脉。

小琳和小娜都是一家设计公司的员工，两个人的关系一直都很好，在工作中总是相互帮忙，把所有的事情都做得很好，就连上面的领导都说她们是一对很完美的搭档。但是两个人却曾经因为一件事差点弄僵了。

这家设计公司每年都会举行一次设计大赛，一来可以提高员工的积极性，二来还可以在员工中形成一种良性竞争。当然，很多人都知道，这次大赛的冠军不是小琳就是小娜，但大家还是积极地准备着自己的作品。小娜和小琳自然也在精心地筹划着这次比赛。

有一天晚上下班回家的时候，小娜说肚子不舒服，要去洗手间，于是小琳和其他的同事就先走了。但走到半路，小琳突然想起自己的钥匙落在办公桌上了，于是就回去拿。但是当小琳站在办公室门口时，她突然发现小娜在玩自己的电脑，并且在拷贝自己的设计作品。她顿时明白了，上前拉住小娜，恶狠狠地说："你做什么？你一向做事脚踏实地，想不到你会做出这种事。"小娜这时泪流满面："小琳，对不起，我知道我不该这样，可是我儿子病了，我所有的积蓄都用光了，现在他治病的医药费，我拿不出啊……""小琳，你放心，下个月我发了工资一定还你，小琳，求你，别告诉别人好吗？"小琳看着自己的朋友这样，她又怎能袖手旁观？"没事的，把这个作品拿去吧，我不怪你，咱们还是好搭档。"

当然，这次大赛的冠军是小娜，当她站在领奖台的时候，她一直注视着小琳。这件事就这样过去了，小娜儿子的病情好转了，这期间小琳还多次去看望小娜的儿子。两人的关系更加亲密了。之后不久，公司就宣布，部门有个职位空缺，而能够担任此职务的只有小娜和小琳两个人，这次小娜什么也没有说，主动去了办公室，向领导提出自己不愿担任此职务，并向领导推荐让小琳担任此职务。当然，最后小琳坐上了那个位置，但她们依然还是姐妹，好搭档，之后小琳对小娜更是关心……

就像小琳和小娜一样，她们彼此之间只是多了一份理解和宽容，但她们却将彼此间的人情做得很棒。如果小琳起初一点人情都不讲，硬是找小娜的茬，相信结果就会截然不同了。正因为她们有长远的眼光，懂得经营自己的人情资源，最后才使她们之间有了更加令人称赞的友情。

作为社会中的一员，我们做一个有远见的人，要懂得人情在工作和生活中的重要性，更要懂得去投资建设自己的人情。其实我们需要的只是拿出自己的真心，学会换位思考，凡事多问个为什么，多去体谅别人，宽容别人，这就已经足够了。而另一方面，我们也学会了为人处世，练就了我们的心胸，我们何乐而不为呢？

像理财一样管理自己的"人情账户"

有句话说得好：你不理财，财不理你。这句话告诉人们必须学会管理自己的金钱。大家都知道人情其实也是一种无形的资源，既然如此，那么人情自然也需要合理的管理和经营。金钱有自身的储蓄账户，那我们应该想到人情也有自身的"人情账户"。那到底怎样才能够管理好自己的这个账户呢？首先我们要学会投资自己的人情，同时还要明白，人情不能乱投资，要投资就要用真心，而不是只做表面功夫。表面的东西只会让人感觉到虚伪，最终也只会将人情做得越来越糟。要想投资人情，就要做到以心换心，以情动情。

除此之外，每一位想投资人情的人必须明白，投资人情和投资股票是一样的，都需要很大的耐性，有长远的眼光，而不是急功近利，见好就收。只有持之以恒的投资，才能够让你收获更好更大的果实。

众所周知，温州的鞋业在国内外都享有盛名，温州本地的制鞋厂更是数不胜数。其中就有这样一家制鞋厂似乎有着超凡的能力，在濒临危机的时候总可以起死回生。很多人对此都抱着疑问，其实这一切都源于这家制鞋厂的总经理王明。自王明担任总经理以来，他从不苛刻地要求员工，而是多次深入员工内部嘘寒问暖，了解员工的现状并给予帮助。

在这家制鞋厂就曾经发生过这样一件事，该厂一名员工名叫李强，他的父亲患了癌症急需一笔资金。面对高昂的医药费李强犯愁了，最后万般无奈的李强叩响了王明办公室的门，将情况告诉了王明。王明听说后，毫不犹豫地让财务部支了5万元交给了李强，之后还去了医院看望李强的父亲，并告诉李强不要着急，医药费如果不够再说。对此李强感动不已，对王明也更加敬佩。

后遇金融危机袭击中国，温州各大工厂都面临着危机，王明的这家制鞋厂也不例外，完全靠一个空壳在维持运转，实属外强中干。面对如此大的压力，王明心力交瘁。而正在这时，李强远在美国的叔叔却准备在中国投资建厂。当李强得知这个消息的时候，他找到了自己的叔叔，并极力介绍王明的公司。最后这位投资商将自己的资金注入了王明的公司，就这样王明安全渡过了难关，生意也越做越大。

王明的公司之所以能够渡过难关，相信与李强有着很密切的联系。然而我们想想，李强之所以能够这样帮助王明，不也是因为王明曾经帮助过他，在他的心中，总经理是一个很有人情味的人吗？如果王明在任职期间欺压员工，不懂得深谙人情，相信在他面临危机的时候，别人不仅不会帮助他，或许还有人会落井下石，给他来个防不胜防。所以，这也告诫每一位人士在任何时候都应该学会为自己的人情做出必要的投资，或许眼下你的投资没有使你得到任何回报，但这时你就应该把自己的眼光放长远了。只有这样，在不久的将来你才能够在自己的"人情账户"中提取更多的"财富"。

就像很多俗语中所说的一样：在家靠父母，出门靠朋友。相信很多人都明白，当你身处异地他乡的时候，你最渴望的就是能够碰到老乡，甚至是多年未见的朋友。在彼此遇到困难的时候，也好有个照应。这也使很多深谙人情世故的人形成了一种乐善好施的习惯，但他们却忘记了人都是爱面子的，人也都是有尊严的。说句不雅的话，当你的施恩触犯了他们的尊严时，你的好心也会被当成驴肝肺的，所以，在管理自己的"人情账户"时，一定要有正确的方式和方法，在维护别人的面子的前提下做出自身的举动。

在一个偏僻的山村里住着一位老人，老人可谓是饥寒交迫，眼看着寒冬已

经来临,而他却只能独自躺在冷冰冰的炕上。同时,在这个村上却也住着一位德高望重的富人,此人以乐善好施远近闻名。当然那位贫困的老人也知道这个人,他大可以向富人求救,但他不想践踏尊严。但是生活还是要继续,于是老人步履蹒跚地来到了富人家,并提出想向富人借钱的想法。当富人听到后,很是大方地拿出了钱递给老人:"老先生,拿去花吧,这钱你就不用还了,不够再过来拿。"老人什么话也没说就匆匆往家里跑去。但富人的那句"不用还了"却始终在他的耳边萦绕,那夜很静,没有人知道发生了什么事……

第二天一大早,富人打开门的一刹那,他发现自家门前的积雪不见了,他在派人打听后才知道原来是那位向他借钱的老人打扫的。顿时富人明白了:施恩也应该建立在维护别人的尊严上。之后富人立马写了一个借条送到了老人的手中,之后他再也没有说过那句话——不用还了。

中国文字博大精深,或许就是一字之差,就可以将一个人的地位压得很低很低,就像"施恩"和"施舍"。相信很多人都不喜欢被别人施舍,因为在人们的心中始终有一个信念"廉者不食嗟来之食"。这也就告诉大家无论是管理自己的储蓄账户还是"人情账户",我们都不能够大意,而应该像理财一样认真地经营自己的人情,给自己建立一个更结实的人情网。

给自己编织更好的人情网,对于每个人来说都是一个很棘手的问题,因为他们无法把握住一个最恰当的标准。每个人在深谙人情的时候,一定要有一个衡量的标准,否则不仅不会得到你预期的效果,而且会事倍功半。这也就告诉大家,要想管理好自己的人情不仅需要有自身的标准和原则,而且还需要有长远的眼光,不是盯着眼前的利益,而是懂得放长线,织好网,最终才能钓大鱼。

人情有时会拖累你

每个人在不同的阶段内心都会有一些不同的需求,如果在这个时候,你能够给予他这种东西,这对于他来说就是雪中送炭。相信这个人就会对你感激不尽,这样一来你不仅帮助了别人,满足了别人的需求,你还将彼此之间的人情做好了,在你遇到困难的时候相信他也会鼎力相助。所以很多人在做人情的时候,往往会抓住别人需要什么,然后就给予他什么。

但是,人们在建立人情的时候往往太过于注重眼下的一些东西,而忘记从自身条件出发,没有量力而行,最终把自己搞得不仅人情没做好,还弄得"倾家荡产",连吃饭都成了问题,简直是赔了夫人又折兵。

阿兰是一家知名企业的技术员,自从她进入这家企业后,工作勤勤恳恳,脚踏实地。但不知为何,每次公司有重要任务和大的晋升机会的时候,最后的人选都不会是她。后来,阿兰才明白了,她虽然能够把工作做得很好,但是自己却忽视了做人情。

一次偶然的机会,阿兰有事去了人事部,和主任聊天的时候,主任无意间说了一句:"前几天看到一件进口的西服,真是不错,等发了工资得去看看。"

阿兰如获至宝,这不就是机会吗?最后,阿兰在一个大商场找到了该西服的专卖店,但一看价格阿兰无言了,一件居然需要2890元,阿兰犹豫了好久,但最后还是一狠心,拿出了银行卡买下了那件衣服。之后阿兰一看自己这一段时间的积蓄所剩无几了,但为了做好这个人情,阿兰认了。

确实,主任收到衣服非常开心,但那似乎也只有三分钟热度对阿兰的态度并没有太大的变化。阿兰却惨了,家里有事,让她汇点钱回去,但她却没有,还被母亲臭骂了一通。

阿兰确实知道人情的重要性,她也很努力地经营着自己的人情,但是阿兰

却忽视了一点,那就是凡事要量力而行,要在自己所能够承担的范围内去做事情,否则将会被人情所累。

其实,阿兰的经历给我们的启发是非常大的,她告诉我们人情重要,但是在做人情的时候需要有一个底线,必须做一些力所能及的事情,而不是"没有金刚钻,还揽瓷器活",最终把自己搞得简直是猪八戒照镜子——里外不是人。

张阿姨在村上的名声一直很好,不管谁家有了困难她都会向别人伸出援助之手。在他们村有个叫大宝的年轻人,母亲去世早,一直以来他都和老父亲相依为命。但有一次父亲得了重病,需要一笔很大的医药费,大宝很想治好父亲的病,但要到哪里去弄这些钱呢?就算自己出去找钱,那谁来照顾父亲呢?

当张阿姨听说这事后,她就想了,虽然自己没有钱借给大宝,但是,自己可以去帮助他照顾父亲,他也好出去筹钱啊。于是张阿姨就每天去照顾大宝的父亲,大宝每天四处奔波筹钱。最后,虽然大宝没有借到足够的钱给父亲治病,父亲在不久后就离开了,但是大宝却记下了张阿姨的好,父亲去世后,他没事就去张阿姨家里帮忙干活。

在很多人来看,张阿姨做的并不多,只是花费了点时间照顾别人,但却把这个人情做得很好。张阿姨从自身情况出发,自己没有金钱,所以她也不强迫自己在那方面帮助别人。

所以说,我们在做人情的时候一定要有尺度,做事之前先仔细忖度一下,而不是大张旗鼓地与别人拉近关系;而是要量力而行,不能为了达到目的,将自己的后路都切断,最终自己落了个两手空空。建立人情就是如此,我们应该将自己的眼光放长远,格局放大,能做到事事理顺,事事做好,否则你将会被人情拖累,最后输得一败涂地。

第七篇

看情感

——35 岁前要有洞悉情感的理智眼光

　　情感,是一个人生命中颇为重要的东西。草木无情,人皆有情,作为感情的动物,情感对人的一生有着重要的影响。如果你的感情生活和谐,那么你就会排除很多干扰,最大程度发挥自己的潜力。如果你受到了情感上的困扰,工作和生活都不会顺利。所以,35 岁前一定要有洞悉情感的理智眼光,只有这样才能确保自己不会掉进感情的漩涡无法自拔。

眼光 30　看清婚姻的真相，婚姻和爱情不一样

婚姻与爱情不同，带着恋爱时的心态步入婚姻殿堂，必然会遇到种种不如意的事情。比起恋爱，婚姻多了一份责任，少了一丝浪漫，只有看清了婚姻的真相，才能维系一段幸福的婚姻。

恋爱需要浪漫，婚姻需要理智

人们常说，婚姻是爱情的坟墓，以至于很多人对婚姻都有一种恐惧，偏激者甚至说出永远不结婚的话。其实，几乎每个人都知道，恋爱的最终结果就是婚姻，没有婚姻的恋爱终究会留有遗憾。所以，很多人最后还是选择了用婚姻来稳固自己的爱情。

但是，很多结婚多年的女性朋友总会说，自己的丈夫婚后好像变了一个人，对自己没有以前那么关心，甚至品位下降，不懂得制造浪漫，有的人还怀疑自己的爱人不爱自己了。其实并不是她们的丈夫不懂得制造气氛，也不是他另寻新欢，而是婚姻改变了他们。在恋爱中的男男女女，为了自己喜欢的人可以赴汤蹈火，做一些超出自己能力的事情，但是婚后的他们为了家庭，变得更加理智，也更加有责任感，他们用行动代替了华丽的语言。

王涵是一家公司的总经理，在妻子的眼中，他是一个很懂品位并且很负责任的好男人,他的妻子当初嫁给他就是因为这一点。但是,最近他的妻子总是莫名其妙地对他发火,王涵对此非常苦恼。但两个人还算理智,他们坐在一起谈了很久。

"王涵,你是不是喜欢其他人了?"妻子理直气壮地说。

"什么,怎么可能?我公司的事忙都忙不过来。"王涵辩解道。

"那你怎么和以前不一样了,情人节不给我送礼物,每天回来看都不看我,我天天打扫家务,还要工作,可你连句安慰的话都没有。看看你以前给我写的情书,咱们结婚后你又是怎么做的?"妻子顺手拿出了自己一直珍藏的盒子,里面放了好多的信封。

王涵拿起一封看了,但他立马就和妻子翻脸了:"这不是我写的,你说清楚,到底是谁写的?"

经过一番验证后,王涵发现那确实是自己写给妻子的东西。两人对此相视一笑,彼此之间也好像明白了什么。

其实就像故事中的两个人一样,并不是说两人已经不再相爱,而是在婚姻当中,彼此之间的爱少了语言的衬托,有的只是行动上的关爱。其实恋爱与婚姻就是如此,在恋爱的时候,恋人之间充满浪漫和激情,彼此之间有着无数对爱情的美好憧憬,但在婚后,两个人面临的却是一些极为现实的东西,而少了婚前风花雪月的浪漫,彼此之间只是淡淡的幸福。

其实,淡淡的幸福是值得每一个人珍惜的,它蕴含在生活的点点滴滴中,如果你不细心琢磨,是不会发现的,最后还让你心生疑虑,闹得彼此不愉快。所以,我们一定要用心去体会生活中的一点一滴,去体会婚后淡淡的幸福。因为恋爱时的浪漫只是爱情的催化剂,而婚后面对现实生活的理智才是维系你们爱情的纽带。

曾经有这样一个人即将和他心爱的女人步入婚姻的殿堂,在结婚的前夕他来到了教堂,在神父面前说出了自己的心声:"亲爱的神父,我想我已经找到了

自己的真爱,我们马上就要结为夫妇了。但不知为何,我现在总能发现比她漂亮的女孩,而以前我总感觉自己喜欢的女孩子是最漂亮的。"

神父问:"你敢肯定她就是你终生的伴侣吗?你会对她不离不弃吗?"

"会。"男孩毫不犹豫地说。

"祝福你,上帝的孩子,我想你们会幸福的,因为你们的爱情是很理智且成熟的。现实的东西对你们的恋爱不会产生任何影响,祝你们幸福。"

男孩听后豁然开朗,潇洒且轻松地离开了教堂。

正如神父说的那样,虽然他们两人之间少了恋爱中罗曼蒂克式的浪漫和花前月下,但男孩总是说,他爱女人的善良,而女人也是一样,婚后的她对丈夫更加关心和体贴。他们之间有的永远是理智,而不是婚前彼此间的孩子气。因为他们知道,恋爱的浪漫可以存在心底,而婚姻需要他们相互包容和理解。

现实生活中的很多人,大都认为爱情应该是永远的浪漫和激情,如果没有了恋爱时的情意缠绵,很多人就会以为彼此之间已经没有了爱情,于此也就产生了人们惧怕的婚外情。

就像很多女性朋友一样,她们总希望自己的爱人能够像恋爱时一样的甜言蜜语,希望爱人的心里永远只有自己。其实,这样的想法是不成熟的,要知道你们现在已经不是在恋爱了,而是面临婚姻,面临一个家庭,而不是婚前的两人世界。恋爱时,你可以毫不讲理地向他索要生日礼物,也可以在情人节的时候让他给你买一大束的玫瑰花。但婚后呢?你要知道,你们面临的是每天的柴米油盐,是一些非常现实的东西,而你们就应该以理智的头脑去面对这一切,因为婚姻是需要理智来维护的。

但凡有远见的人都懂得应该怎样去经营自己的婚姻,他们不会一味地追求罗曼蒂克式的浪漫,而是用自己的慧眼去识别婚后的生活,并在平凡的生活中有意无意地制造一些不平凡的情节,让两人的心贴得更紧、更近,让两人的爱情永远保鲜。

提前规划好婚后生活的蓝图

提及婚姻,有人惧怕,有人憧憬。有人说:"我们一定要让自己的爱情永远得到保障,唯一的办法就是婚姻。"有人还说:"我害怕结婚,我还没有做好准备。"为何对于婚姻人们会有不同的看法和想法呢?就像后者说的一样,他们还没有准备好,还不知道如何从一个两人的世界走入一个大家庭的氛围。这也就告诉我们,婚姻需要我们提早规划,给婚姻规划一个蓝图,给爱情一把保护伞。

或许很多人会纳闷,到了年龄就结婚,还需要什么规划吗?再说爱情和婚姻都是一些无形的东西,那么抽象,就算规划也是无济于事,何苦要费那种精力呢?

现实生活中, 很多的男女在婚后总是为了一些鸡毛蒜皮的事情大吵大闹,两个人互不相让,也从来没有促膝长谈过,最终也只能走向离婚的边缘。又有一些人在婚前没有对自己的婚姻做过规划,婚后总是因为另一半没有了婚前的积极性,不懂得照顾和关爱自己弄得不可开交,最终婚姻也只能以悲剧结尾。所以说,只有提前规划好婚后生活的蓝图,你们的爱情才能永远保鲜。

在很多人的眼中,小娟是一个很有品位的女孩子,平时总是喜欢穿名牌服饰。但是,她有一个不好的地方,就是除了琴棋书画外,她什么都不会,父母总是劝她学习做一些家务,但她总是不屑一顾,总是说以后找个老公不就得了,男人养女人那可是天经地义的事,那些还用担心吗?

小娟平时是这样,她和小军在一起的时候也是这样,大手大脚地花钱,就连两人快结婚的时候,小娟都没有想过婚后要怎样生活。那时,恋爱中的小军总是说,小娟爱花钱那时因为她懂得用金钱来装扮自己的生活。

最后小军和小娟结婚了,婚后的小娟什么都不做,每天就知道浓妆淡抹,研

究怎样穿衣打扮,像恋爱时一样经常无理取闹。而小军每天不仅要忙着工作,回家后还要做家务。不久后两人就离婚了。

小军说,结婚后小娟从来不知道体谅自己,还天天抱怨自己没有能力,不能赚钱,而且天天就知道穿衣打扮,一点都不懂得节俭。小娟对自己的婚姻很后悔:我总以为,凡事有男人就够了,我从来没有想过怎样面对婚姻,面对生活中的现实问题,如果能够重新来过,我一定不会这样的。

小军和小娟之所以会出现这样的结局,主要是因为小娟从来没有为自己的婚姻做过规划,在婚后的生活中不知道怎样体谅自己的爱人,也从没有为家庭着想过,她只看到了自己,一直以自我为中心。最终使婚姻真正地成为了爱情的坟墓,后悔也于事无补。

所以,我们一定要明白,夫妻两个在婚后生活中定会遇到很多现实问题,如果你在婚前没有规划过自己的婚后生活,那么在面对一些棘手的问题时,你就可能因为自己的不通情达理而葬送了自己的婚姻。所以,我们要学会为自己婚后的生活规划一个蓝图,这样才可以有备无患,在婚后平淡的生活中发现你们爱情的真善美。

齐松和夏雨结婚已经很多年了,但是在别人的眼中两个人似乎时刻都非常恩爱,被别人称为不会吵架的夫妻。

但是,夏雨和齐松却不这样认为:"其实我们和别人一样,每天都面临很多生活中的琐事,但是我们总能够坐下来,相互沟通,大事化小,小事化了。""其实我们恋爱的时候,也是吵吵闹闹的,但结婚前我们说好了,不可以一个人生闷气,做到直言不讳。"

婚姻就是如此,我们既然选择了某个人来做自己的爱人,陪伴自己共度一生,那我们在欣赏他优点的同时,也要学会包容对方的缺点。尤其是在婚后的生活中,很多人往往只看到了对方不能解决的问题,却从未换位思考过,甚至忘记了对方的优点,以为对方恋爱时所表现的全是虚伪的。

其实，并不是对方婚前是虚伪的，而是因为人们在现实生活中往往被现实的一些东西蒙蔽了双眼，所以才看不到对方的优点。社会在变，生活在变，我们自然也要用发展的眼光看待自己的婚姻。世界上不缺少美，只是缺少发现美的眼睛。在生活中我们要学着去发现对方的优点，对对方多一些宽容，多一丝谅解，而不是死死盯住对方的缺点，让那些缺点充斥着每天的生活。所以说，经营自己的婚姻很重要，为自己的婚后生活做一个好的规划更是不可或缺。

在婚后的生活中，我们不要总埋怨对方没有实现他说的话，或许他真的因为忙；我们不要总拿对方的过去来说事，他或许因为过去的过错对你深感愧疚；我们不要总是抱怨对方心里只有工作没有你，因为他总是在深夜轻轻地吻你，因为他要为你们共同的家奋斗；我们不要总是计较对方不懂得帮助你做一些家务，因为他在为未来的生活筹划蓝图；我们不要总是抱怨他不再年轻，没有了激情，因为他是为你才变了模样。

或许，你们在生活中会因为一些小事斗斗嘴，但是你要明白，生活是一门艺术，就连吵架、生气同样也是一门艺术。我们不必去计较那些无关紧要的事情，因为两个人走在一起不容易，既然两个不同的人走在了一起，那么生活中的摩擦就是不可避免的。因为你们一直很相爱，所以你们一直包容，你们的爱情之花也会永不褪色。

但凡有头脑有眼光的人都不会把婚姻当做爱情的终结，也不会认为两人结婚后，彼此就可以携手并进，白头偕老了。他们会很认真地经营自己的婚姻，为两人的爱情不断付出，不断奉献，最后让婚姻永葆青春，爱情之花永开不败。

眼光 31　看准合适的人，选择好人生的另一半

有句老话叫做："男怕入错行，女怕嫁错郎。"其实婚姻无论对于男人还是女人来说都很重要，一段幸福美满的婚姻会成为工作生活上重要的动力，一段失败的婚姻也有可能让人就此堕落一生。在婚姻中找到适合自己的人，才能确保一生都能过得比较幸福。

什么样的男人值得嫁

每个女人都希望自己能够拥有美好的婚姻，能够找到一个对自己忠贞不渝，一辈子不离不弃的男人，无论何时，都能够和自己患难与共，相互理解和支持。人们常说女人是水做的，需要细心地呵护，所以，对于一个女人来讲，这一生能够嫁一个好男人尤为重要。

然而，现实生活中的很多男男女女却总是抱怨自己没有美满的婚姻，说对方怎么不好。甚至有些女性朋友提出：到底什么样的男人值得嫁？嫁个什么样的男人才能够幸福呢？对于这样的问题，其实没有十分明确的答案，只要你有长远的眼光，不过分注重别人的外表，相信你定可以找到自己心中的另一半。

但是，我们一定要明白，嗜酒如命、不负责任的酒鬼不可嫁。

小晴从小没有了父亲，所以她总是渴望自己能够体会一下父爱。在她出门打工的时候,有个比她大 10 岁的男人非常关心她。起初的时候小晴对他还以叔叔相称,但最后却演变成了恋人,并且发生了关系。那个男人非常关心小晴,在生活上对小晴是无微不至,但有一点不好,这个男人嗜酒如命,每次喝酒后,小晴就会成为他的出气包。

好几次,小晴都决定离开他,可是小晴发现自己怀孕了,而且这个像父亲一样的男人也总是苦苦哀求,最后她决定认命。但就在孩子马上要出生的时候,这个男人带着所有的东西跑了,从此杳无音讯,最终小晴生下了孩子,但就在孩子出世的那天,小晴自杀了。

小晴的命运是悲惨的,她的遭遇让很多人痛心。但是那个男人呢?他是那样不负责任,这样的男人,哪个女人敢托付终身啊?

花言巧语、表里不一的男人不可嫁。人们常说说到不如做到,像那种只会花言巧语哄女孩子开心的男人,是不值得我们驻足停留的。

小华在大学的时候谈了个男朋友,那个男孩子家里特别有钱。总是给小华说很多好听的话:明天我给你买一部手机,咱买贵的好的,但最后却拿着一部100 多元的手机给她;我这辈子绝对只喜欢你一个,但又总是光明正大地给其他女孩子发暧昧的信息。每年回家的时候,他给自己买卧铺票,给小华买硬座,还天天喊着爱小华。最后在小华最痛苦的时候,那个男孩子却离开了。

像这样的男人我们能嫁吗?嫁了你会幸福吗?答案可想而知。或许很多人就会说了,像那些不负责任、只会用花言巧语哄女孩子开心的男人不能嫁,那到底什么样的男人才能嫁呢?

满腹经纶、出口成章的男人是值得考虑的。相信如果嫁给这样一个男人,你的生活将会增添很多的乐趣。因为这样的男人不论何时都可以处之泰然,当你遇到困难的时候,他们的大脑就会急速转动,为你出谋划策;当你不开心的时候,他们还会想方设法地设置很多浪漫的事情逗你开心。这样一个睿智,又懂得给生活创造浪漫的男人不就是很多人追求的对象吗?

细心幽默,彬彬有礼的男人是值得考虑的。嫁给这样一个男人,相信你会一天比一天自信,因为他的夸奖会让你更加年轻有活力。在他们的眼中,你就是最漂亮、最善解人意的女人。他们无时无刻不在生活中发现一些乐趣,和他们在一起,哪怕你是一个多愁善感的人,也会被他们感染得喜笑颜开。

当然,那些有上进心,不服输的男人也是最佳人选。

建华是一个性格坚强,不认输的男孩,他的聪明伶俐和才华横溢也是所有人有目共睹的。

他和嘉平是在大学里认识的,嘉平是一个城里的孩子,父母非常宠爱她,以至于到了大学时还什么都不会做,什么都需要人照顾,也就是这一点激发了建华的大男子主义的保护欲。建华决定追求嘉平,并一辈子照顾她。当时很多人说他们两个不合适,还是别太天真,但建华心里明白,他和嘉平之间的感情是真的,而且他认为嘉平需要他,而他也需要嘉平。

大学毕业后,年轻有为的建华以优异的成绩被北京一家知名企业破格录取。但是嘉平的父母却极力反对自己的女儿和建华在一起,他们总说建华起点低,再混也不会有什么名堂。当建华听到这些话后,他就下定决心,一定要混出点名堂。此时,嘉平并没有听从父母的话离开建华,而是一直陪在他的身边鼓励他,支持他。

两年后,建华终于凭借自己的能力在公司当上了副总经理,年薪能够达到30万元。就这样,建华在3年后,毅然决然地开起了自己的公司,而且与很多知名企业有着合作关系。

建华所做的一切终于打动了嘉平的父母,他们主动找到了嘉平和建华:"建华,以前是我们太糊涂,你那么有上进心,相信我们的女儿跟着你,她一定会幸福的。"当建华听到这些话,他很欣慰,但是他更加明白,他今天的成就与嘉平的理解和支持是分不开的。

3个月后,建华终于为嘉平穿上了婚纱,让她成为了世界上最幸福的新娘。

建华之所以能够拥有最后的成就，与他心中那股不服输的志气是分不开的，他起初虽然没有太大的成就，也没有过多的资本，但是他有上进心，他凭借自己不甘落后的心打造出了自己的一番事业。像这样的男人，相信任何一个女人嫁给他都会感觉幸福的。

每一个女人都应该明白，要嫁就嫁一个值得嫁的人，值得你为他不断付出的人，值得你一生陪伴的人。因为婚姻是一辈子的事，而不是一时的事。

什么样的女人值得娶

一个成功男人的背后总会有一个优秀的女人。当今社会，很多男人都想找一个能够陪伴自己一生的女人：在生活上无微不至，关心体贴；在事业上全力支持，永远做一个贤内助。

然而，现实中的男人却一味地注重女人的外表，忽视了女人内心的世界。要知道，女人心，海底针，一个男人要想真正找一个能够陪伴自己的爱人，就要把她的心读懂。其实，每个人都是一本书，尤其对于女人来讲，更是一本值得读且必须认真读的书，读懂了，你也就明白她是否适合你了。

就拿当今这个社会来讲，很多人都主张自由恋爱，因为自由的恋爱可以让双方彼此多一些了解。但是，很多男士在恋爱的过程中，却发出了这样的呼声：女人真是捉摸不透，到底什么样的女人不能娶？什么样的女人才适合我，值得娶呢？

嫌贫爱富，爱慕虚荣的女人不能娶。即使你们之间有几年的恋爱基础，但只有面临现实问题的时候，才可以最清楚地看清一个人。

小丽和小建都来自农村，他们是初中同学，那时两个人的关系就很好，来到了高中，情窦初开的两个人恋爱了。最后他们双双来到了大学，在大学里面，彼此的眼界都宽了，小丽也变了好多，总是动不动让小建买东西，还经常说谁谁给

他女朋友买什么了。对此小建感到很尴尬,心中也有一种莫名的后怕。

直到毕业的前夕,小丽找到了小建:"毕业后我要结婚。"小建一听,感觉非常开心,因为他也想到毕业后结婚,但这种心情只持续了几秒,他听到不丽继续说:"我和咱们班的王志打算毕业后结婚,你来吗?"小建很是惊诧:"为什么?那我们呢?""我们不行,我要别墅,你有吗?我要钻戒,你有吗?你没有,但他能够给我,我们结束吧。"至此,他们彼此之间几年的感情结束了。

虚伪狡猾的女人不能娶。当一个女人想方设法想从你这里得到更多东西的时候,你就要当心了。这样的女人是很可怕的,或许她们在你面前显得非常单纯,细心体贴,但人们常说日久才能见人心,如果你认真观察,就可以判断她们做的一切是否出自真心。

以前有个女人经常在丈夫面前装得特别好,她的丈夫就一直以为自己的妻子绝对很忠实。但直到最后,他才知道妻子常和一些网友见面,还常常发一些暧昧的东西。最后两个人面临的就只有是离婚。

其实一个男人在寻找人生另一半的时候,重要的是看女人的品质。一个品行端正,落落大方,知书达理的女人又怎会爱慕虚荣、虚伪狡猾呢?

那些通情达理,给人面子的女人值得娶。对于一个男人来讲,时刻都想着维护自己的尊严,作为妻子的她在家或许可以和你斗斗嘴,但在公众场合,如果她不懂得给你留面子,让你非常尴尬,那这样的女人娶回家不是很可怕吗?一个懂得如何维护丈夫的尊严,并且在朋友来家做客的时候,明白最起码的接人待物的女人,这样的女人才可能给别人留下好的印象,给自己的丈夫挣足面子。这样的女人娶回家相信定会成为你的贤内助。

母爱无限型的女人当然更值得考虑。如果一个女人每天只想着让别人怎样关心她,从不知道向别人嘘寒问暖,那她又怎么可能把自己的丈夫照顾得无微不至,对自己的孩子教育有方呢?而只有那些心中充满母爱的女人,才懂得怎样爱自己,怎样爱别人。

在城市的郊外曾经住着一个21岁的女孩,女孩的父母在她10岁的时候出门打工,从此杳无音讯,她一直跟着年迈的奶奶生活。由于奶奶卧病在床,她从来没有出过远门,而是在附近的一家机械厂工作。按说机械厂哪是女人待的地方,但她总是说能挣钱。她很懂事,也很孝顺,就这样,她和奶奶平平淡淡地生活着。

有一天清晨,她照例骑着脚踏车行驶在路上,可是经过一片小树林的时候,她突然听到了婴孩的哭声。眼看就要迟到了,但那哭声却牵动着善良的女孩,她顺着哭声找到了孩子,是一个刚刚满月的女婴。看着孩子冻得红红的脸蛋,她心里生出无限的爱意,最后她把孩子抱回家了。

从那以后,她没有再上班,而是在家里做一些手工活维持生计,因为她想抚养这个孩子。但这时村里的议论也纷纷而来:"怎么会出来个孩子?肯定是在机械厂乱搞的,那里全是男的。"面对这些,女孩并不在意。直到有一天,一名记者得到这个消息,并决定深入采访。当记者看到女孩动情地叙说着事情的经过,这名记者被感动了。他凭借自身的洞察能力和分析能力判断,女孩说的是真实的,这个女孩很善良。那天他们聊了很久,两人也是在那时认识了。

两个人一回生,二回熟,最后相爱了,那名记者不在乎孩子,因为他明白女孩很善良,他自己也愿意抚养这个孩子。不久两人就结婚了,婚后,女孩对他非常体贴,无论是生活上,还是工作上,都给了男孩很大的帮助。

这个女孩的心中洋溢着爱,她之所以能够抚养那个孩子,是因为她心中有女人应该具备的母爱。一个心中充满爱的女人,相信她也可以去爱自己的家人,爱自己的丈夫,并默默付出自己的一切。男人如果娶到这样的女人,相信男人的生活除了幸福,就是幸福。

很多人都知道,百善孝为先,所以说一个有孝心的女人是值得每个男人珍惜的。很多女孩子会问男友一个问题:"如果我和你妈妈同时掉到了河里,你会先救谁?只能救一个。"这个问题值得很多人深究,一个是给予自己生命的母亲,

一个是自己心爱的女友,到底先救谁?

作为男人,我们应该知道,应该救自己的母亲。如果你的女友因此和你分手,告诉你,这样的女人不值得你去珍惜,因为她只看到了自己,她不懂得孝顺老人,尤其是父母。但凡有孝心的女人听了你的回答,她会很欣慰,而且会更加珍惜你,更加爱你,因为她明白,你是一个有责任心,且孝顺的男人。同样地,这样的女人也很有孝心,你还怕她不孝顺你的父母吗?

其实,男人在找女人的时候,就像买鞋子一样,外表虽然好看,但不一定适合自己,说不定还夹脚呢。所以,那些想结婚的男人应该为自己的长远着想,要找就找一个适合自己、体贴自己的人。天冷的时候,提醒你加衣服;天热的时候,为你擦脸颊流下的汗。在你准备出差时,她会为你精心地收拾行李箱,并对你说照顾好自己;在你忙碌了一天回到家时,她总会为你准备好一桌丰盛的饭菜。或许你们的生活很平淡,你也从未给她买过昂贵的东西,但她从不介意,她总是说平平淡淡才是真。或许她没有漂亮的外表,也不会什么花言巧语讨你欢心,但想想这些背后的真诚和忠实,舒适和坦然,那些外在的东西又算什么呢?

适合你的爱人才能给你幸福

人们常说爱情很神秘,寻找爱情的过程就是寻找自己人生另一半的旅程。无论女人还是男人,他们都需要一个彼此相爱、相互体贴的伴侣来与他们共度一生,无论遇到什么风风雨雨,两人都可以相知相惜,携手前进。但是,我们应该知道,这个能够与自己同甘共苦的人并不是轻而易举就可以找到的,这需要彼此之间的心灵相通。如果在这个过程你大意了,疏忽了,你的生活就可能不会幸福,因为你没有找到那个适合你的人。

不论是对于刚刚步入社会的人,还是已经在社会上驻足的人来讲,选择一个适合自己的爱人是非常重要的，因为只有适合自己的爱人才能够陪伴你到老。现如今，我们常常会听说某人跟某人闪电式结婚，但事实上，这种闪婚的结局却往往是"闪电式离婚"。

雅萍和旭辉是在一次同学的生日聚会上认识的，那时候他们大学刚刚毕业，正在忙着找工作。但在那次聚会上，带着酒意的两个人谈得很开心，而且非常聊得来，之后两人断断续续地联系着。

但是一个月后，一个惊人的消息让所有认识他们的人目瞪口呆了——旭辉和雅萍决定结婚了。很多人对此都表示怀疑，最后雅萍的好朋友李梅找到了她："你怎么这么快啊，你们两个的性格根本不合适，你和他认识才一个月，你了解他吗？"面对朋友的质问，雅萍不屑一顾地说："不了解，但我感觉我们在一起非常幸福，非常快乐，我感觉这就够了。"

就这样，他们结婚了，而且两人新婚的第一天就吵开了，但有句话说得好：夫妻两个床头吵架床尾和。他们起初的生活虽然在吵吵闹闹中度过，但还算幸福。

一个月后的一天，雅萍拿着大包小包地来到了李梅家。

"我和他离婚了……"

"什么？为什么啊？你们不是挺好的吗？"李梅好奇地问。

"我和他从结婚吵到现在，累了，所以就离呗。"雅萍若无其事地说。

雅萍和旭辉的婚姻就这样闪电般开始，又闪电般结束了。

在雅萍和旭辉之间存在的只是一种感觉，一种年轻人经常有的冲动。这种冲动促使他们在彼此不了解的情况下步入了婚姻的殿堂，直到婚后生活在一起才发现彼此根本不适合。

或许有人会提出质疑：难道不适合我的人就不能给我幸福吗？对于这个问题我们暂不作答。我们先想想，在现今这个快速发展的社会里，人们为什么竭力主张推翻封建的联姻方式，而采取自由恋爱，为的不就是让人们能够寻找一个适合自己并能够陪自己度过一生的爱人吗？因为只有适合你的爱人才能够给你

生活上的满足,才能够给你真正的幸福。只有真正相爱且适合的两个人,才可能携手前进,共度一生。

王瑶是来自山东的一个女孩子,自小家境不是特别好,在大学期间她总是省吃俭用,从来不乱花钱。而李建是山西太原人,父母都属于工薪阶层,也受过良好的教育,家境相对来说还不错。李建的父母在他很小的时候就对其进行了很好的教育。

他们两个是在一次偶然的机会认识的,那时候两个人像认识已久的老朋友一样聊了很久,对于不善言谈的王瑶来说,那是她自上大学以来最开心的一天。

从那以后,两个人成了朋友,他们一起吃饭,一起上课,渐渐地,两个人相爱了。

大学毕业后,李建和王瑶结婚了,结婚当天,当双方父母看到这两个乖巧的孩子手牵手步入婚礼殿堂的时候,他们给了孩子最真挚的祝福。婚后的他们很幸福,不久后就有了爱的结晶,孩子的到来给这个家带来了更多的欢喜。李建总是偷偷地把自己的工资打给王瑶的父母,而王瑶则隔三差五地回去照顾李建卧病在床的父亲。就这样,王瑶和李建相互扶持,一家人无比幸福地生活着。

李建和王瑶之所以能够这样幸福地生活着,源于他们都找到了最适合自己的爱人。他们在寻找配偶的时候并不是跟着感觉走,而是在彼此非常了解,并且在认为对方适合自己的情况下,最后才决定"执子之手,与子偕老"的。他们的生活很平淡,但是很幸福,那种幸福是很多人都渴望的。

有时想想,真正适合且相爱的两个人其实并不需要山盟海誓的衬托,只需要平平淡淡的问候和支持。在你最落魄的时候她愿意陪伴着你,在你辉煌的时候,她只是在你的身后默默支持你,而在你生病的时候,始终在床前看护你,因为你是她的爱人。所以我们一定要明白,只有适合你的人才能够给自己真正的幸福,才能够陪你一起奋斗和拼搏,始终能够做到不离不弃。

哪怕你是情窦初开的少男少女,哪怕你是历经沧桑的成熟男女,哪怕你已经到了而立之年,你都应该清楚地明白,我们应该放眼未来,寻找一个真正适合自己的人陪伴你终生。因为只有找到一个真正适合自己的爱人,我们才可能获得真正的幸福。

眼光 32　看清家庭危机的伤害，多点理性少点冲动

> 家庭是温馨的港湾，家庭是安静的避风港，一个幸福美满的家庭是每个人都向往的。而要想营造一个幸福美满的家庭，就要多一点理性，少一点冲动。生活中的磕磕绊绊不少，只有保持理性，才有可能彼此忍让，避免家庭支离破碎。

认识婚外情的危险性

"婚外情"，这 3 个醒目的字眼，是很多男女们在婚姻生活中最担心的，然而，现实生活中的人们却往往因为好奇，或是为了满足自身的需求而触碰这个导火线，最终让自己付出了惨重的代价。

在当今这个纷繁复杂的社会，婚外情的现象已经屡见不鲜，甚至泛滥成灾。那么到底是什么导致婚姻中的男女抛弃家庭，不顾流言蜚语的袭击，去找情人呢?或许是为了让别人看到自己虽然已过中年但魅力依然，也或许是因为看惯了妻子不动声色的表情和容颜，出于好奇，想来个新鲜。但他们却无法预料这样的行为给他们所带来的损害。

有些有钱人认为金钱是万能的，可以买到一个人的真心，哪怕他是一个与自己年纪相差甚远的人，于是他们不断地将自己的金钱投向那个所谓的情人，最后却落了个倾家荡产，让自己的家庭到了贫困的边缘。

王武本来是一个一无所有的男孩，独自一人闯荡上海，就在那时候，他认识了妻子王惠。王惠是上海女孩，家里非常富有。他们在交往一段时间后结婚了，王惠的父母不忍心看着女儿嫁给王武受苦，于是给王武投资了 50 万元开了一家公司。王武也知道，这一切来之不易，所以他很认真地经营着公司，并且规模越来越大。

人们常说，男人有钱就容易变坏，王武有钱了，翅膀硬了，想独立了。他一直以为妻子看不起他，所以日子久了就开始厌恶妻子。他经常在一些娱乐场所出没，最后认识了一位 23 岁的打工妹，关系也很快升温。每次王惠不在家的时候，他总是带着女孩来自己家，明目张胆地亲热，最后被王惠捉奸在床。

王惠起初并不相信王武会背叛自己，听王武振振有词的解释，她原谅了他。但王惠的谅解却使王武的行为更加放纵，最后王惠提出了离婚。王武当时就想，离就离，反正自己有事业，有钱，怕啥？但让他想不到的是，王惠的父亲没有善罢甘休，而是凭借自己的关系和实力让王武的公司在短时间内亏空，最后倒闭。王武没有了公司，因受不了这样的打击，自杀身亡。

很多人在一次出轨过后，总是迷恋于和情人在一起的缠绵，然而，自己肆意的行为却会让自己一落千丈。就像王武一样，婚外情让他失去了家庭，失去了深爱自己的妻子，失去了自己苦心经营的事业。

所以，我们一定要认识到婚外情给大家带来的危害，而不是放纵自己的情感，不顾自己的糟糠之妻，在外面寻找片刻销魂的感受。或许在短暂的时间里你得到了生理上和精神上的满足，但却没有意识到，在这些满足的背后隐藏着一把利剑，时不时把你刺得遍体鳞伤，甚至一剑毙命。这样的代价谁付得起呢？婚外情给人们和家庭带来的危害深不可测，任何一个人都不可忽视，更不要去触碰，否则将会让你一发不可收拾，后果不堪设想。

其实，婚外情的表面总是蒙着一层纱，让很多人对此感到好奇，并且付出了自己的行动，但最后他们却付出了惨重的代价，让他们悔恨终生。所以，我们必须意识到婚外情的危险性，并且远离婚外情。只有这样，你才能够保护好自己的

家庭,让自己的家人不受到任何的伤害,,也只有这样,才能不给自己的人生留下遗憾,留下污点。

衡量一下离婚的代价

我们经常见到这样的现象,很多夫妻因为一点小事就争吵不停,并且闹着离婚。但他们却不知道,如果他们选择离婚,对家庭,对孩子都会造成很大的伤害。

夫妻两个在一起生活,产生摩擦和矛盾是很正常的,只要彼此之间多一些宽容和谅解,很多事情都会过去的,根本没有必要走到离婚的地步。而且离婚也不是解决问题的最佳办法,轻易地选择离婚不仅会给夫妻双方带来很大的伤害,而且对孩子的成长和心理健康都会带来很大的影响,所以,不到万不得已是不能够选择以离婚来解决问题的。

选择离婚来解决问题是一种很不理性的行为,离婚或许暂时性地解决了夫妻两个面临的问题,但你们有没有想过离婚过后所要付出的代价?那种代价是沉重且无法弥补的。

对孩子更是如此,因为你们的离婚,他们无法得到一个快乐的童年;因为你们的离婚,他们没有办法得到完整的家;因为你们的离婚,他们只能够得到父母一方的爱。因为如此,他们心灵上会有很大的阴影,有很大的缺陷。

曾经有一个离婚女性忏悔地讲了一个她自己的故事:

我和丈夫是大学同学,我们大学毕业后就结婚了,那时候我们非常相爱,结婚后不久我们就有了爱的结晶——我们的小媛媛。

婚后我丈夫非常忙,每天都会很晚才回家,那个时候我总是感觉他为了这个家付出的太多,于是,在我们闹矛盾的时候,我总是忍气吞声,等他消气,我们几乎没有产生过大的矛盾。

但是，有一天我居然发现，他和公司的秘书关系非常亲密，而且常常一起喝茶。当时我实在受不了，感觉自己受了这么多年的委屈，最后他却找情人，于是我提出了离婚。我本以为离婚后，我就可以不去想那些不开心的事情，认为自己终于可以解脱了。但是，事情并不是我想的那样。

我婚前和婆婆的关系非常好，而且婆婆身体本来就不好，一直都是我照顾。但是因为我们的离婚，她每天都以泪洗面，而且不吃不喝，没过一个月，她就离开了人世。还有我们的小媛媛，她每天晚上都会哭，因为我们的离婚，小朋友都说她是没有爸爸的孩子，孩子有一段时间产生了自闭的心理，幸好老师及时发现，才没有使病情加重。

其实我挺后悔当初那么冲动就和他离婚了，如果我们不离婚，而是好好沟通，促膝而谈，事情是可以解决的。婆婆也就不会离开，孩子也就不用面对小朋友的嘲笑，可以拥有一个完整的家。孩子现在心理上一直有个阴影，因为我们当初离婚她根本就不知道为什么，最近几年她总是喜欢和一些年龄大的孩子在一起，我知道孩子缺少父爱。

有一次，我在媛媛的作文中看到这样一句话："我不知道父亲为什么离开我和妈妈，我一直在等爸爸，可他从来不来看我。妈妈也从来不知道，其实我可以不吃麦当劳，可以不要漂亮的裙子，可以不买最好的文具，但我想要爸爸……"

这位女性讲到最后的时候流泪了，因为她知道，自己离婚使那个原本完整的家四分五裂，离婚让她和丈夫付出了太大的代价，同时也给孩子带来了很大的影响。虽然她可以将自己的爱全部给孩子，但那也只是母爱，孩子在成长的过程中，需要的不仅仅是母爱，还有父爱，而且她自己也知道，她深爱着丈夫。

所以，作为成人，我们必须明白，恋爱是两个人的事情，婚姻却是整个家庭之间的事。婚姻的破裂会给整个家庭带来影响，尤其是给孩子带来伤害，那些伤害是无可比拟的，甚至会使自己的孩子误入歧途，无法自拔。

曾经看过这样一篇报道：有一对夫妇，打打闹闹十几年，关系一直不好，但是考虑到孩子，他们也就一直没有提出离婚。看着孩子一天天长大，也懂事了，于是他们就想到了结束这段不幸福的婚姻。但就在他们离婚的当天，女儿却因此在外面喝酒被两个男人强暴了。女儿因受不了这样的打击离家出走，并以出卖自己的身体来赚取金钱，她总是说自己没有家。后来女孩又染上了毒品，每天在浑浑噩噩中度过，最后投身长河，结束了自己的生命，那时的她年仅 20 岁。

很多人看到这则报道后都感觉非常痛心，一段两个人的婚姻，最后却剥夺了一个年轻的生命。或许是因为女孩太不理智了，但究其原因，不还是离婚惹的祸吗？每个孩子都渴望有一个幸福的家庭，得到父母双方的爱，然而离婚却将他们的这一权利强行剥夺了，他们能不伤心，能不失望吗？就像报道中的女孩一样，在失去家庭温暖的时候，一个不小心就铸成了终生的错误。

婚姻不是儿戏，每一对父母都必须得明白这一点。如果父母一时的冲动选择了离婚，带来的伤害不只是你们爱情的终结，而是整个家庭的破裂，也是很多悲剧的开始。离婚，是个可怕的事情，然而很多人却以为离婚是对双方的解脱，殊不知，在你们解脱的背后却可能上演一幕幕的悲剧。

所以，身为人母，身为人父，我们必须正视自己的婚姻，不要总是生活在自己的世界里，不开心了就选择分离，而是要全局审视整个家庭，明白离婚给大家带来的伤害以及所要付出的代价。当明白了这一切，相信理智之人定会从全局出发，而不是片面地选择离婚。

眼光 33 读懂亲情,让爱洒满全家

亲情,是每个人都无法割舍的感情。在你得意时,亲人会为你发自肺腑的高兴;在你失意时,亲人会默默地在背后支持你、鼓励你。亲情是如此重要,所以你要用心去维护,让爱洒满全家。当你读懂了亲情的时候,你就能感受到来自于亲人们浓烈的爱,这种爱会成为你前进的重要动力。

关心孩子的成长,建立良好的亲子关系

当今社会,建立良好的亲子关系已经成为很多父母心头的一道难题。我们总是听到很多父母说:"我们家那孩子总是逞能,做错了事,你一说他,他扭头就跑,看都不看你一眼,你说也太不懂礼貌了吧?""我们家孩子也是一样,就是一个小'破坏者',把家里弄得一团糟,打都没用。"其实父母对孩子的行为感到不满,发泄心中的抱怨是无可厚非的,但是很多父母却没有意识到,正是因为你们的抱怨,才使孩子产生叛逆心理,最后不尊重你。

作为父母,我们必须注重孩子的成长,从小就和他建立良好的亲子关系,只有这样才能使孩子在一个良好的环境中茁壮成长,形成一种健康的心理。

很多父母看到孩子做错事,总是一味地抱怨孩子,殊不知,这种行为非但不会有利于孩子的成长,还会给孩子很大的打击,让他们失去孩子的童真和好奇感。

小闵杰今年 7 岁，是一个很讨人喜欢的孩子，这孩子聪明伶俐，好学好动。但是最近这段时间，小闵杰的一些举动不禁让他的父母和老师担心起来：他不再那么好动，而且表情呆滞，看着小朋友们玩耍，他也只是在一旁观看，平时也不和其他人说话，不和父母吵着要好玩的玩具。

爸爸妈妈看到闵杰这样心里非常着急，他们也开始反省自己，到底是什么影响了孩子，最后闵杰的父亲说出了这样一件事情。

那还是在上个月的时候，我们带着孩子去老家看望爷爷奶奶。小闵杰非常开心，把爷爷逗得合不拢嘴，我爸当时就问："小闵杰，你能做什么啊，有什么绝活没啊？"小闵杰当时就来了兴致："爷爷，我是男子汉，我什么事情都能做，不信我给你表演一下。"

说着小闵杰就从书架上拿起父亲刚买的钢球，孩子哪里有这么大的力气，刚拿起来，就掉到了地上，把地板砸烂了，当时小闵杰就被吓得不敢说话了，站在那里不动。我听到声音就跑去看："你这孩子，怎么给爷爷捣乱，现在可好了，把地板都弄坏了。"当时我爸还对我说："孩子小，没事的。不要这样说孩子。"当时妻子又添油加醋地说："爸，孩子得从小管，他呀，就是喜欢逞能，看他将来能做成什么。"小闵杰面无表情地听着爸爸妈妈的数落，什么话也没有说。

从那以后，小闵杰对自己失去了信心，做什么都缩手缩脚，没有了往日的活泼气息。

意识到问题的严重性后，小闵杰的父母再也没有像那次一样，说一些伤害孩子的话语，而是尊重孩子的选择，聆听孩子的心声，并且正确地引导孩子把事情怎样做会更好。小闵杰也重拾信心，恢复了往日的天真活泼。

作为父母，每个人都不希望自己的孩子像小闵杰一样整天郁郁寡欢，不爱说话。但是要想让孩子健康地成长，父母就必须学会和其建立良好的关系，尊重孩子的选择，学会和孩子进行心与心的沟通。只有这样，父母才可能给孩子营造一个好的成长环境，才有助于孩子的身心健康。也只有这样，他们在面对以后的人生时,能够理性地分析和面对。

与此同时,作为父母,还应该学着去真诚地接纳孩子的朋友,或许他的那位朋友没有你们的孩子优秀,也或许那个朋友是个不健全的孩子,就算如此,父母也应该去接纳并且承认孩子的朋友,否则,你就可能付出很大的代价。

曾经有一名驰骋战场近5年的士兵,在战场上失去了自己的一条腿和一只胳膊。在他即将回到家乡的时候,他怕父母一时半会儿接受不了自己身体上的残缺,于是他提前给父母打了个电话:"爸妈,我马上就要回家了。但是我有一位朋友和我一起回去。"

当士兵的父母听说孩子要回家,非常高兴:"好啊,带他来吧,你们都来啊。"但是,当士兵说到自己的朋友因战争失去了一条腿和胳膊的时候,他的父母开始推辞道:"孩子,我看还是别带他来了,那样,家里的负担会很重,生活上也不方便。"士兵听了这话,立即挂了电话。

第二天,士兵的父母接到警察的电话,说他们的儿子在昨晚自杀身亡。悲痛欲绝的父母很快赶到了现场,当看到现场的一切,他们惊呆了,原来儿子就是他说的那个失去一条腿和胳膊的朋友。

我们知道,士兵的出发点是怕父母无法承受自己失去腿和胳膊的打击,于是才编出那样的话。然而,他的父母却因为别人是残疾会拖累家庭而拒绝了孩子的要求,殊不知,他们的拒绝就意味着拒绝孩子的归来,最终导致这样的悲剧发生。

其实,人与人之间本应该就是相互尊重,相互关爱的。如果你真爱你的孩子,那就应该学会去包容孩子的一切,而不是因为一些外在的东西拒绝孩子,因为你们的拒绝可能就会对他们产生很大的反感。这样对他们的成长不仅没有好处,而且会让他们在心里对父母产生厌恶。所以,每一位父母都应该从长远出发,从孩子小的时候就对其进行教育和培养,建立正确的人生观和价值观。

漫漫人生路，别忘了身后的亲兄妹

一个小男孩每天背着他残疾的弟弟去上学，有人指着他的背上问："他重不重？"小男孩回答："他不重，因为他是我的弟弟。"

"他不重，因为他是我的弟弟"，一句话道出了亲兄妹之间那种血浓于水的感情。兄弟姐妹之间的这种感情是其他任何关系都无法替代的，它不会因为其他任何东西的改变而改变，所以，在漫长的人生道路上，我们一定要珍惜这份感情，与兄弟姐妹同甘共苦，生死与共，这也是人之常情、天经地义的事情。

我们每个人都应该抱着一颗感恩的心由衷地感谢我们的兄弟姐妹，因为是他们陪伴我们度过快乐的童年，是他们在我们需要帮助的时候伸出了援助之手，而且不求回报，甚至甘愿付出自己的生命。

曾经在报纸上刊载过这样两则感人的报道：有一对兄弟在河边玩耍，年幼的弟弟失足落入水中，哥哥见状，毫不犹豫地跳入水中救助弟弟，但是，因为水流湍急，两人最终遇难，当救援人员发现他们的时候，两兄弟依旧紧紧地抱在一起。

还有一对姐妹也是如此，当有一天楼下失火的时候，姐姐一直在保护着妹妹，但最终还是双双葬身火海。当消防人员在清理现场的时候，惊异地发现两姐妹依然紧紧相拥着。

这两则故事将兄弟姐妹之间那种血浓于水的亲情表达得淋漓尽致，这也深刻地说明了亲人之间那种难以分割的感情。

我们暂时不去研究社会中那些为了争夺父母财产，闹得亲兄弟反目成仇的现象，因为那些都是一些不成熟且不理智的行为，他们只看到了眼前的利益，却忽视了兄弟间同在屋檐下的那份真挚情感。所以，我们要做就做一个有眼光的人，洞悉手足之情的重要性，并珍惜这份感情。当你学会了珍惜这份感情，那么你就能轻松获得兄弟姐妹的喜爱；反之，你将会失去这份亲情，以至于失去了所有人的信赖。

　　张楠从小在一个大家庭里长大，身为老大的他，很小就担起了照顾两个弟弟的责任。

　　张楠渐渐长大后，父亲因为意外身亡，父亲偌大的公司就不得不由张楠来管理。其实，张楠的兴趣在于艺术，但是为了照顾母亲和弟弟，他放弃了自己的梦想，毫无怨言地担起了照顾家人的责任。

　　家族的企业在张楠和弟弟的共同管理下发展越来越顺利，但是三弟有一天突然对他说，自己想要自立门户创业赚钱。

　　然而，商场的风险，远非这个初出茅庐的三弟可以应付的，由于他自身缺乏经验，经营上出现很多的纰漏，再加上他生活上大手大脚、疏于理财，从而导致债务累累。三弟面对这些压力和挫折，显得心有余而力不足，在那些压力下三弟变得越来越颓废，最后还因为债务问题，躲在了外地，再不见当年的意气风发。

　　张楠知道了这件事情后，他并没有见死不救，而是通过自己的关系帮助弟弟东山再起，因为他明白何谓亲情。之后张楠还写了封信给弟弟："三弟，你的公司我来帮你打理。"并劝弟弟回家，告诉弟弟："不管怎样，家的大门永远为你敞开，哥哥永远是你的哥哥，咱们一起承担。"

　　当三弟接到这封信后，不禁泪流满面，想起了哥哥照顾家人的神情和慈祥的面庞，他不能把所有的一切推给哥哥，让哥哥一个人承担。于是，他向朋友借了几百块钱，匆匆赶到了家中，回到家他才发现，原来哥哥张楠不仅帮自己还了债，而且还帮助自己打理起了公司业务。当街坊邻居遇到他时，总会情不自禁地竖起大拇指说："你哥哥真是个不错的人！"

　　三弟的公司在张楠的帮助下终于迎来了新的篇章。然而这一切，却让三弟开始感觉到，患难见真情，哥哥才是人生路上帮助自己最多的人。

　　从那以后，三弟再也不会冲动行事，而是奋发图强，不断学习生意经。几年后，他就成为了当地小有名气的企业家。当记者问起他这辈子最感激的人是谁

时,他动情且坚定地说:"我最感激我的哥哥!如果不是他,也许我早就成为了一个废人!也不会有今天的成就。这辈子我欠大哥的很多,我想我一辈子都还不完,他永远是我学习的榜样!"

张楠的行为告诉我们每一个人,兄弟姐妹之间的感情是值得我们珍惜的,无论你的地位有多高,成就有多大,永远都不要忘记与自己一奶同胞的兄弟姐妹,这是一个成熟的人所必须具备的素质。我们试想一下,一个人连自己的亲兄弟,亲姐妹都不懂得关心,不懂得尊重,那他又怎会去关心自己的朋友、自己的同事,甚至自己的爱人?又怎么会得到别人的认可和关心呢?

我们要知道,我们的兄弟姐妹从小和我们一起生活,一起成长,一起面对家庭的起起伏伏,一起体会生活的点点滴滴。这样的感情蕴含每个人的每一寸心田,所以我们必须明白,和兄弟姐妹相亲相爱、携手并肩,同为幸福的家或前途而努力是很自然的情理。

我们每个人都应该做一个顾大局,识大体,有远见的人,和兄弟姐妹相容相谅、随时关怀、没有妒忌、没有猜疑,更没有私心,这样的情感才是最真挚的,也是值得我们好好珍惜的。所以说,想要得到他人的喜爱,想要感受亲情的温暖,我们首先就必须学会关心身后的兄弟姐妹。

体谅父母心,让他们的心永不孤寂

当我们外出工作的时候,父母总是会说:"孩子,在外面不要节俭,把自己照顾好了。"当我们身处异地的时候,父母总会有意地关注着你那个城市的天气,时不时会给你打电话:"孩子,你那里要降温了,自己记得多穿衣服,小心感冒。"

面对父母的这些唠叨,很多人或许就会心生厌恶,总感觉父母一直在束缚自己。但他们却忘记了小时候母亲温暖的怀抱,忘记了父亲轻轻的抚摸。他们完全没有意识到,在父母的眼中,孩子永远都是孩子,父母之所以会唠叨我们,那完全是出于爱。

作为儿女，在工作之余，我们千万不要忘记在海的彼岸，还有双亲在凝望着我们，父母在年长的时候，儿女不在身边对他们来讲是一种煎熬，那时的他们是最孤独的。作为儿女，我们更要懂得如何关爱自己的父母，给他们一个好的晚年，而不是像别人口中说的一样："孩子大了，翅膀硬了，就该飞走了。"我们应该时刻注意着给予我们生命的双亲，而不要因为自己工作忙忽视了他们，等到他们离开的时候才追悔莫及。

李伟通过自己的努力，终于考进了自己梦寐以求的大学，在上大学期间，他的脑海中就萌发了自由创业的想法。所以在校期间，他有时间就会深入社会，考察行业。

毕业后，他如愿以偿地开起了自己的公司。起初的时候，他还经常抽时间去看望父母，但随着公司规模越做越大，他自身的业务也逐渐增多，回家的次数也少了，但父母对此还是可以理解的。之后，李伟成家了，家庭的压力也油然而来。

李伟回家的念头越来越少了，哪怕有几天假期，他宁愿好好在家休息，也不愿回家陪父母，只是偶尔有时候给父母打打电话。面对电话里父母的质问，李伟总是找借口解释或者推辞，他却不知道父母在听到他们又不能回家时的那种失落心情。

直到有一天，李伟接到父亲的电话，说母亲病重，让他赶紧回家，他本以为父亲只是想看看孙子，但父亲的声音有些嘶哑，这不禁让李伟感到莫名的紧张。他丢下手里所有的工作赶到了家中，母亲静静地躺在床上，父亲眼睛红肿地坐在床前："你知道你有多久没有回家了吗？你娘天天盼着你回，每次打电话我们都是在你那个房间，她天天都去翻你小时候的照片，而你却每次都说忙，不能回家。她已经几天没有吃东西了，前几天晕倒，才去医院做检查，她不让我告诉你，可是……"

李伟听了父亲的一席话，跪倒在母亲的床前，流下了愧疚的泪水。那几天，

李伟一直在照顾母亲,他突然意识到自己忽视了父母这么久,但最后,母亲还是静静地离开了。

自从母亲去世以后,李伟每周都会带着妻子和儿子回去看望父亲,因为他不能让父亲再次孤独终老,他不想一切等自己失去后才去珍惜。

就像《母亲》里面唱的一样:无论我们的官多大,无论我们多富有,到什么时候都不能忘记咱的妈。无论我们工作多忙,事情再多,但茶余饭后,定要想想父母,多陪陪他们。而不是像李伟一样,在母亲离开后才后悔。

当然,有时候父母会在我们的耳边唠叨不停,这时,我们一定要正视父母的唠叨,并且学会聆听他们说不尽的关爱。因为他们的唠叨寄托了无数心灵的寄托,他们的唠叨诠释了生命的真谛。如果我们用心去品味那些唠叨,用心去体会唠叨的内涵,相信没有人会厌恶父母的絮叨,也没有人再忽视父母的爱。

杨晓倩的母亲是一个中学教师,在杨晓倩的眼中,母亲是那么温柔且富有内涵,母亲的身上总有她取之不尽的资源,她总是把母亲比喻成最温柔的菊花,柔情中蕴含着独有的倔强和芬芳。而她自己就是在母亲的疼惜和指导下,拥有了一个快乐又充实的童年。

一转眼杨晓倩长大了,并继承了母亲身上的倔强。在大学里面杨晓倩不断汲取对自己以后发展有利的东西,渐渐地培养出自命不凡的气质,母亲看到女儿健康地成长,心里非常欣慰。

大学毕业后,杨晓倩面临了人生中的一次选择:是继续学业,还是找工作?她真的不知何去何从,于是,她决定和母亲商量。谁料母亲对杨晓倩提出的两个选择都没有肯定,而是让她通过关系进政府部门工作,那样不仅有保障,还比较轻松。

听了母亲的话杨晓倩非常生气,并大声呵斥道:"妈,你的思想怎么这样落后啊。现在社会制度越来越透明化了,靠关系能靠几年啊。再说,我可不想被人看不起。只有靠自己的本领打拼才是正道……"

虽然杨晓倩的母亲承认女儿说的有道理，但是，她对女儿对自己的态度却是不能接受的，一气之下动手打了杨晓倩。而杨晓倩并没有意识到自己的不对，还和母亲大吵一架，最后扬长而去。

从那以后，杨晓倩对母亲打自己一直耿耿于怀，见了母亲就像没有看见一样。母亲为此感到非常伤心，简直是心如刀绞，而杨晓倩却无从感知。当杨晓倩的亲朋好友知道此事后，也渐渐疏远了她："对自己的父母那样，这种人不是很可怕吗？要知道父母的心永远在儿女身上。"

杨晓倩长大了，有了自己的思想和主见，但是，在面对父母的时候，又怎能如此刻薄呢？那样不仅伤了母亲的心，还破坏了自己在朋友心中的形象。

所以人们常说，不论什么时候，要懂得尊重自己的父母，因为你在尊重父母的同时，也是在塑造自己的形象，只有这样，你才能铸造一个爱的天堂。人生的诗篇也是如此，因为有爱，它才显得五彩缤纷，而家就生长在爱的花园，花园中的每一朵花都需要我们细心地呵护和浇灌。那种爱，不仅是对子女，也不仅是对兄弟姐妹，而且还必须对生育我们的父母。我们不可以因为自身的原因而忽视了父母，忘记了回家，也忘记了给予父母最真挚的爱，否则我们就会犯下很多一生都无法弥补的错误。